幼儿行为与心理健康
80问

周 翔 主编

杜亚松 主审

化学工业出版社

·北京·

内容简介

本书针对幼儿养育过程中常见的幼儿行为与心理问题进行答疑解惑，设置七部分内容，分别是幼儿行为与心理健康基本知识、幼儿的喂养问题、幼儿的排泄问题、幼儿的睡眠问题、幼儿的言语和语言问题、幼儿的行为和情绪问题、幼儿行为与心理健康的维护，共80个问题。每个问题，都给出了专业而实用的解决方案。

全书图文并茂，浅显易懂，既适合日常家庭的幼儿养育启蒙，也适用于医疗机构精神科、儿科医生与护士，相关机构的心理咨询师与治疗师，托育机构、早教机构、幼儿园等的从业人员参考借鉴。

图书在版编目（CIP）数据

幼儿行为与心理健康80问 / 周翔主编 . -- 北京 ：
化学工业出版社，2024.8
   ISBN 978-7-122-45641-0

Ⅰ . ①幼… Ⅱ . ①周… Ⅲ . ①婴幼儿心理学 - 问题解答 Ⅳ . ① B844.12

中国国家版本馆 CIP 数据核字（2024）第 095554 号

责任编辑：张　阳　李彦玲　　　　　装帧设计：张　辉
责任校对：杜杏然

出版发行：化学工业出版社
     （北京市东城区青年湖南街 13 号　邮政编码 100011）
印　　装：中煤（北京）印务有限公司
710mm×1000mm　1/16　印张 11½　字数 156 千字
2025 年 1 月北京第 1 版第 1 次印刷

购书咨询：010-64518888　　　　售后服务：010-64518899
网　　址：http://www.cip.com.cn
凡购买本书，如有缺损质量问题，本社销售中心负责调换。

定　　价：59.80 元　　　　　　　　版权所有　违者必究

编审人员

主　　编	周　翔		
副 主 编	陈　强	庄志成	
编写人员	陈　红	陈嘉洁	陈　强
	陈淑梅	邓莉芬	杜姝慧
	龚卫珍	关晓文	黄　俏
	姜振风	李德欣	李合意
	刘小燕	马梓桐	麦依萍
	宋明禄	杨秉娇	姚可依
	尹长钰	郑丹怡	钟洁琼
	周　翔	庄志成	
主　　审	杜亚松		
插　　画	伍伟锋		

前言

～～

　　做儿童青少年心理咨询治疗工作20多年，笔者带领珠海市妇幼保健院儿童心理中心团队不断创建和完善我们集心理评估诊断、药物治疗、物理治疗、心理治疗、康复治疗于一体的科学、系统治疗体系，也较早地探索了家—校—医—社儿童青少年干预模式。我们团队现有专业人员30多人，包括医生、心理治疗师、康复治疗师、教师、社会工作者等多类人才。长期以来，我们致力于向宝爸宝妈们科普如何在早期发现问题，解决问题，成为自己孩子最好的心理医生，提供高质量的教育和陪伴，从而为孩子的人生之旅打下良好基础。为了将我们的研究成果、实践心得传递给更多的宝爸宝妈们及关爱幼儿成长的广大人士，我们萌生了编写这本科普读物的想法。

　　本书历时1年半打磨而成。书中精选出的80个问题，基本是在我们日常工作中被宝妈宝爸们咨询过的高频次问题。对于这些问题，我们力求言简意赅地回答，并提供科学指导。这些都是我们团队在20多年间的临床一线工作中，接诊4万多个患者家庭所积累的宝贵经验。其中还饱含着上海精神卫生中心博士生导师杜亚松教授的辛勤付出。杜教授恰逢其时地受聘为我中心特聘教授，对本书品质的要求和指导如同对待硕士生、博士生论文那般严苛，他先后查阅近百篇文献，对内容进行了多次修改完善。

　　编写中，我们将幼儿行为与心理健康基本知识放在了第一部分，中间的五部分内容涵盖了大家最为关注的孩子的喂养、排泄、睡眠、言语和语言问题、行为和情绪问题，最后一部分讲解如何维护幼儿行为与心理健康。通过阅读本书，读者可以学习如何尊重幼儿心理行为表现的多样性、独特性以及发展变化性，从而降低养育焦虑。宝爸宝妈们能在孩子生命的早期阶段对其社交需求、语言发展、情感反应、运动技能等方面的需要给予重视，提供刚刚好的帮助和互动，使孩子成长为他本来的样子——自尊、自信、自爱，人格健全，长大之后精神独立而内心自由！

　　在本书出版之际，笔者衷心感谢特聘教授杜亚松教授、中心前任主任曾淑萍女士，以及在一起流过汗流过泪的各位同事们（你们常常加班加点的身影给了我莫大的鼓励与安慰），还有一直支持笔者工作的所有领导、朋友和家人！

周　翔

2024 年 9 月

于珠海市妇幼保健院儿童心理中心

目 录

第六部分
幼儿的行为和情绪问题

第七部分
幼儿行为与心理健康的维护   143

参考文献

第一部分

幼儿行为与心理健康基本知识

问题 ① 如何理解幼儿行为？

　　婴儿刚出生的时候，完全是靠哭这一行为来表达自己的意愿的。随着时间的推移，孩子慢慢学会了用语言描述，但仍不能准确表达自己的感受，更多的是采取一些行为来表达。

　　对幼儿行为的研究发现，幼儿行为大致可以分为四类：模仿、对抗、寻求关注、退缩，只有家长了解清楚孩子的行为类型，才能更好采取措施应对孩子的需求。

一、模仿

　　婴儿自出生后，就会出现无意识地观察和模仿周围人的行为了，比如，点头、摆手、张嘴、噘嘴或咿咿呀呀学语。随着年龄的增长，幼儿的模仿行为由无意识的逐渐发展为有意识的，主要表现为对家长、教师、同伴的言行举止，以及动画片里的动作情节等一系列的模仿。比如，3岁女孩模仿动画片人物，下雨时用荷叶来当雨伞。

二、对抗

幼儿到了 3 岁前后会和家长对着干，开始反抗、顶嘴和说反话，孩子心里想"凭什么听你的，我要做主，我自己说了算"，这些行为常常使家长生气。这是因为 3 岁以后，孩子逐渐懂得哪些东西是属于自己的，哪些东西是别人的，并且会以"我"为主语，经常说"我自己来""我不要"等来表达自己的态度和愿望，自己想要做的事情一定要自己做。所以，当孩子的自我意识与家长的意识发生冲突时，就容易产生对抗行为。

三、寻求关注

如果家长长期忽视孩子，孩子首先会以讨好、乖巧懂事等正面行为来吸引家长的关注，如果无效，孩子进而就会出现搞怪、捣乱或搞破坏等"问题行为"来吸引家长的关注。

四、退缩

孩子总认为自己干什么都不行，不自信和退缩行为常常让家长感觉很无奈。家长可以将事情分成细小步骤，把事情分解到没有一点难度，首先示范，然后陪他一起做，接下来鼓励孩子自己试一试，最后放心交给孩子，这样孩子的自信心就会一点点地建立起来。

每个行为的背后，都必定有动机和心理需求，当孩子的心理需求得不到满足，孩子的行为就会不断升级，演化为问题行为。只有心理需求得到满足，问题行为自然就会得到改善。

问题 2 如何理解幼儿的情绪？

俗话说"娃娃的脸，六月的天——说变就变"，幼儿情绪波动大，时常不能控制自己的情绪。由于表达能力有限，幼儿不能很好地用语言描述情绪感受，同时又缺乏其他情绪表达方式的经验积累，因此时常会用在大人看来是"胡闹"的方式，如嚎啕大哭，扔东西，甚至打人等行为来表达情绪。

一、幼儿有哪些情绪表现和特点？

（一）易冲动

2~3岁的幼儿的控制力弱，语言表达能力不完善，因此当受到外界事物刺激时，情绪发展比较极端，易波动，不稳定。所以，这个时期孩子说哭就哭，说笑就笑。

（二）易外露

2~3岁的幼儿控制能力差，情绪变化不隐藏，擅长用自己的身体语言来表达，如不开心就哭，高兴就大笑或者是手舞足蹈，愤怒就瞪眼跺脚等。

（三）易变化

孩子的情绪具有情境性，如得到新玩具，家长离开身边一会儿，新朋友出现等都会使他们的情绪出现波动，孩子的情绪随着情境的改变而变化。

二、家长如何应对幼儿的情绪？

（一）适当的身体接触

一项科学研究证明，常被家长拥抱和亲吻的孩子，比那些被家长长期忽视的孩子更容易发展出健全的感情。婴儿在出生后的最初几年，需要大量身体上的接触。拥抱和抚摸孩子几乎是妈妈的天性，并且爸爸也会积极地对孩子付出感情。

当孩子进入幼儿园时，拉拉手或摸摸小脸会让孩子有明确的安全感。身体的接触是强有力的爱语之一。当它被表达得自然并且使人舒服时，孩子会感到比较舒坦，跟他人沟通时会更大方自在。

（二）避免忽视孩子

3 岁的孩子，渴望得到他人的关注，与他人交往的需求增加，所以在幼儿园中，如果小朋友们不和他玩，对孩子来说是一种很严厉的处罚，会给孩子造成很大的痛苦。家长或老师如果对孩子不加理睬，孩子会觉得非常沮丧，很有挫败感，不利于孩子健康情绪的发展。

（三）丰富生活环境

丰富的生活内容、健康的身体和良好的行为习惯，有助于幼儿情绪的稳定。丰富的生活内容会让幼儿产生兴趣，有探索欲望，感到快乐和满足，所以家长要尽量让日常活动轻松、活泼和多样化，多带孩子走出去，进行各种户外活动，让孩子接触到较多的事物和情境。

（四）和谐的家庭生活

和睦的家庭氛围会给孩子带来良好的情绪示范。家长要显示出积极热情、乐于助人、关心爱护幼儿等良好的状态，公正地对待孩子，适当地满足孩子的需求，帮助孩子适应新环境的变化。不能溺爱或过分严厉地对待孩子，否则会使幼儿形成不良的情绪和性格。

问题 3 如何理解幼儿的社会性?

对于成年人来说,为人处世之道属于普通常识,但对于孩子而言,尤其是幼儿,世界上的一切都是陌生的,他们需要学习才能掌握被我们视为理所当然的社交常识和行为。那么,幼儿需要学习和发展哪几个方面的社会性呢?

一、人际关系的发展

幼儿的人际关系主要包括亲子关系、同伴关系和师幼关系。亲子关系是一种血缘关系,指父母与子女之间的关系,包含隔代亲人的关系,主要包括父母与子女的情感联系和父母的教养方式。同伴关系对幼儿人格和社会性发展起着成人无法取代的独特作用,进入幼儿园以后,儿童开始主动寻求同伴。从3岁起,孩子偏爱同性别伙伴。在3~4岁之间,幼儿依恋同伴的强度,以及与同伴建立起友谊的数量有明显增长,同伴关系很容易建立,但也很容易破裂。师幼关系是指进入幼儿园的幼儿与幼儿园保教人员之间的关系,是与父母之外的成人建立的密切关系,是一种教养关系。

二、性别角色的发展

性别角色是由于人们的性别不同而产生的符合一定社会期望的品质特征,包括两性所持的不同态度、人格特征和社会行为模式等。幼儿性别偏爱最早表现在对玩具的选择上,14~22个月的男孩偏爱小汽车之类的玩具,而女孩则喜欢玩娃娃和毛绒玩具。到两岁时,幼儿能说出自己的性别。到5岁左右,儿童开始能够把某些特征的人格特点与性别联系在一起。比如知道男孩子应该勇敢,女孩子应该文静。

三、亲社会行为的发展

亲社会行为是指个体帮助或打算帮助他人的行为及倾向，具体包括同情、分享、合作、谦让、援助等。一般来说，亲社会行为与侵犯行为相对立，它的最大的特征是使他人或群体受益。亲社会行为对人类文明与社会进步具有至关重要的意义。亲社会行为的发展情况是衡量个体社会性发展过程成败最重要的一个指标。幼儿亲社会行为的发展与他们的道德发展有着密不可分的关系。

四、攻击性行为的发展

攻击性行为也称侵犯行为，就是任何形式的以伤害他人为目的的活动，如损坏他人东西，挑衅他人，引起事端。攻击性行为是一种不受欢迎却经常发生的行为，是一种不为社会提倡和鼓励的行为。攻击性行为发展状况影响幼儿人格和品德的发展，是衡量幼儿社会性发展过程成败的一个重要指标。

如果幼儿积极去适应社会环境，就会更容易获得他人的认可，形成正确的人际交往策略，从而更易于融入不同的群体。而一个处处受到欢迎的孩子，自然也更容易建立自信，获得成功。

问题 4 如何理解幼儿的气质？

在日常生活中，我们可以看到每个孩子一出生就有着不同的行为特点：有的爱哭，有的爱笑；有的好动，有的文静；有的不怕危险……这些各种各样的特点组合起来，就构成了儿童心理活动的独特之处，也就是气质。那么，气质是如何形成的呢？

一、气质形成的因素

有关气质形成的原因有多种理论假说，都与生理因素和环境因素两者密不可分。

（一）生理因素

研究表明，孩子的自尊心、抗压能力、谨慎程度、情绪表达等方面都受到遗传因素的影响。巴甫洛夫认为，个体的高级神经活动有三种基本特性：神经过程的强度、灵活性和平衡性，这些高级神经活动特性就是形成气质的生理基础。

（二）环境因素

儿童气质与家庭环境因素有着密切联系。

母亲的情绪及孕期睡眠情况在儿童的情绪与行为发展中起关键作用。母亲经常向儿童表达自己的负面情绪，儿童会更容易出现焦虑、抑郁等不良情绪，对外部环境和陌生人则表现出退缩行为。

儿童的行为与抚养人的养育方式互相影响。儿童的行为表现可能对其父母或其他抚养人产生很明显的影响，而这种影响会使得抚养者的养育行为发生改变，从而反作用于该儿童。例如，母亲为了培养孩子有更好的适应能力，会经常带孩子参加各种活动，但如果孩子在每次活动时，都表现出胆怯退缩，或者总是不分场合地捣蛋闹腾，那么母亲就不愿意再带孩子外出，并且会在孩子面前表现出不良情绪，可能导致孩子的问题行为进一步加重。

二、气质的意义

孩子的不同行为表现也许跟儿童气质类型有关，如果父母能够更早、更清楚地认识到这些特征，那么他们也许就不会由此产生让人难以接受的情绪，而是可以根据孩子的特点，有针对性地进行引导，对孩子实施个性化的教养，以助力孩子行为能力的发展。

气质没有好与坏之分，各种不同气质类型的孩子都可以是正常的儿童，不同气质类型的儿童需要不同且有针对性的教养方式。因此，家长了解儿童气质的相关知识，有助于对不同类型的儿童实行个体化的抚养、教育和管理。

问题 5 易养型气质的幼儿如何养育？

　　易养型气质幼儿特点主要表现为，日常活动水平适中，活动无明显增多或减少，睡眠、进食、大小便等生理节律很规律，睡眠和大小便习惯很容易养成，对周围环境的适应能力很强，但不会有过强的反应性。该类幼儿容易接触，在与人交往过程中积极的情绪较多，养育过程中家长不觉得困难。

　　易养型气质的幼儿确实比较好养育，但需求容易被家长忽略。因此在养育过程中，家长更应该积极关注。

一、生理需求

　　易养型气质的幼儿生理节律强，在喂养时，养育者可以很容易找到规律，可按照规律进行喂养。该类幼儿适应力强，即使喂养规律被打破也能适应，但如果在该规律因为特殊情况要被打破时，养育者还是要提前做好预告，并且不能因为规律被打破后幼儿无不良情绪反应就随意打破喂养规则。

二、情绪表达

　　易养型气质的幼儿反应强度较弱，父母很容易忽略他们的情绪反应，但这类幼儿一点点的情绪反应，可能代表其内心强烈的感受，家长应该提高敏感度，更细心发现孩子的情绪，准确地满足他们的需求，并用语言示范如何将情绪和需求表达出来。在幼儿阶段要鼓励他们用适当的语言表达其反应，如"我真的好喜欢""这件事让我觉得很委屈"等。

三、社交互动

易养型气质的幼儿在人际交往中，因为爱笑、情绪正向，会吸引成年人或者同伴的喜欢，甚至随意对其进行肢体接触，比如捏捏他们的脸。所以在幼儿不能表达时，家长要细心留意幼儿反应，在幼儿有不适的情绪或行为反应时，要及时安抚。易养型气质幼儿在人际交往过程中，适应性强，容易融入团体，但是由于他们年龄幼小，容易受环境影响，家长可以通过绘本故事的方式，对他们进行积极健康的价值观引导，促使他们将来可以选择健康的朋友圈以及积极的人际关系。

四、环境适应

易养型气质的幼儿可以较快地适应新环境，对新事物充满好奇和期待，乐于参与，因此家长要提前确认环境是否安全，是否适合幼儿在该环境中活动。当幼儿的活动能力增强时，对于新事物，养育者要采取正确的示范方式，多给孩子尝试的机会，培养孩子的创造力和好奇心。

易养型气质的幼儿由于生活规律，情绪愉快，因而容易受到家长的关怀和喜爱。对于这类幼儿，家长要保持关注并及时给予正向的情感反应，使孩子的行为更加积极，养成良好的生活习惯。

问题 6　难养型气质的幼儿如何养育？

　　难养型气质的幼儿属于比较难相处的孩子，情绪起伏大，不易安抚，换尿布、换衣服、洗澡甚至喝奶时都会让父母手忙脚乱。难养型气质的幼儿确实需要家长付出更多的耐心与关注，虽然养育该类幼儿确实是会遇到困难和挑战，但其实气质并没有好坏之分，任何气质类型都会有积极和消极的维度。比如，难养型气质的幼儿所表现出来的敏感、情感丰富和谨慎的特点是他们积极的方面，家长要去充分发掘他们的潜力。

　　那么，对于难养型气质的幼儿该如何养育呢？

一、调整生理节律

　　家长也可以在观察孩子的基础上，慢慢调整孩子的生活作息规律。例如，入睡、起床和进餐时间等，循序渐进地进行，在孩子进入幼儿园之前可以建立一定的规律，这样便于孩子适应环境。对精力充沛的幼儿，可以带孩子去热闹的地方，或把孩子带到有他人可以协助的室内活动中心，满足孩子释放精力的需要。

二、情绪管理

　　难养型气质的幼儿可能会对声音、光线、气味敏感。家长在带孩子出去时需要注意孩子周围环境是否有强烈的刺激，可以用渐进的方式让孩子适应这些刺激，慢慢地不再过于敏感，可以适应周边的环境。家长要识别孩子的情绪，可以听懂孩子哭声中的信息，及时回应孩子的情绪，同时发现情绪背后的需要，满足合理需求，对不合理的部分，需要温和地坚持原则。当孩子的情绪失控时，家长一定要避免被孩子带入情绪的漩涡中，家长情绪越稳定越能让孩子冷静。

三、人际交往

在幼儿阶段，减少陌生人的突然刺激，循序渐进地让他们接触不同的人。随着年龄的增长，家长要有耐心和更多的鼓励、支持，采取情景表演的方式，帮助孩子练习如何适应陌生人和新鲜事。家长要接纳孩子的慢热，不能盲目地把孩子推到人前，或者强迫其与陌生人打招呼。

四、环境适应

难养型气质的幼儿融入新环境的难度大，会出现抵触和抗拒行为，因而在幼儿阶段要减少养育环境的变化，尽量减少新环境对他们的刺激。在新环境中，养育者可通过温和的言语与温柔的非言语方式向孩子说明，能增强孩子的安全感。在幼儿阶段，对于新环境的融入，家长需要提前告知，让孩子有一定的心理准备，当出现退缩行为时，家长可以通过重复示范法，帮助幼儿适应新环境。

对于难养型气质的孩子，家长还可以向专业机构寻求帮助，借助早期专业教育可促进幼儿气质良好地发展，对一些难养型气质的幼儿而言，可以减少儿童行为问题的发生。

问题 7 中间型气质的幼儿如何养育？

中间型气质的幼儿日常生物节律性活动有一定的规律，对刺激反应适中，在新环境中具有一定程度的探索行为。

一般情况下，中间型气质的幼儿不会表现出较明显的退缩行为，与伙伴可以友好相处，在养育过程中，不会显得非常困难。处于"中间"，常常容易被忽略，气质类型的特征以及强度在每个孩子身上会有不同表现，因此不能简单地进行折中处理，家长要综合考虑这类型幼儿的行为和情绪特征，有针对性地采取相应措施进行培养和引导。

一、行为管理

中间型气质的幼儿行为不像易养型气质的幼儿那样规律，但也不是那么杂乱无章，养育者同样需要耐心观察，在幼儿已有行为规律的基础上进行管理，帮助幼儿形成良好的生活习惯。如果幼儿活动量大，可以增加户外活动时间；如果活动量过小，可以丰富孩子活动的内容，增加其兴趣。在活动中帮助孩子建立行为规范，让孩子通过观察模仿学习学会更好的自我管理技巧。

二、情绪管理

养育者要根据幼儿具体的情绪反应强度进行管理，如果是中间偏易养型，孩子的情绪反应会比较小，养育者要积极关注并适当引导；如果是中间偏难养型，孩子的情绪反应会比较激烈，养育者要接纳孩子的情绪，准确识别他们的需求，正确理解并疏导。

三、人际交往

中间型气质的幼儿在面对陌生人时，家长可根据幼儿的实际情况进行应对，在孩子需要的时候给予帮助，多鼓励孩子尝试与陌生人打招呼，交新朋友等，当孩子在新环境中活动增加或与新朋友建立良好关系时给予表扬，强化孩子主动进行社会交往的行为。有意识地培养孩子的社交技巧，比如分享零食，多多称赞别人等，帮助孩子在社交行为中创造积极体验，从而让孩子更有意愿交朋友，在社交中更积极主动。

四、环境适应

一般而言，中间型气质的幼儿在新环境中对陌生事物可进行探究，不会表现出较明显的退缩行为，不会显得非常困难，但需要一个过程来适应。家长可以采取循序渐进的策略，对于刚进入陌生环境的幼儿，养育者应给予适当陪伴与安抚，可以用语言对孩子进行安慰，也可以通过增加一些肢体接触帮助孩子缓解进入陌生环境的压力，让孩子保持情绪稳定，在新环境中减少畏难情绪的产生。

对于中间型气质的幼儿，重点是在养育过程中识别孩子的气质特征，营造合适的养育氛围，同时鼓励孩子表现出更多的恰当行为。

问题 8 气质如何影响着幼儿的发育和成长？

气质是个体心理活动中稳定的动力特征，主要表现在心理活动的强度、速度、稳定性、灵活性及指向性上。气质无所谓好坏，不决定人的社会价值，不决定人的成就，但幼儿气质影响到儿童期的心理活动和行为，是个性发展的基础，在幼儿的生长发育、行为模式、情绪活动和学业成绩中都会有所表现。气质类型既有可能向积极方向发展，也有可能向消极方向发展。

那么，气质如何影响着幼儿的发育成长呢？

一、对身体健康的影响

不同气质类型会直接影响幼儿的身体健康，这是因为不同气质类型幼儿的生理特点及其适应环境的能力不同。难养型气质的幼儿由于生活作息不规律，情感反应强烈，在进食及睡眠方面经常出现困难和紊乱，容易导致生长发育不良。易养型气质的幼儿的饮食及睡眠很容易形成规律，对其身体健康具有促进作用。

二、对学习的影响

气质与幼儿的学习有密切关系。不同气质特点的幼儿对环境刺激有不同的适应性，因此他们对学习环境有不同的选择和反应倾向。这些气质类型也会影响幼儿的学习行为以及对学习环境的适应程度。

心理学研究发现，引起学习成绩差的非智力因素中有 5%～10% 来自幼儿气质。老师对幼儿气质的判断与幼儿的学习成绩相关。老师的评价进而影响老师对幼儿的管理决策，幼儿气质特征与老师期望之间的"适应不良"，是造成儿童学习成绩较差的原因之一。

三、对行为的影响

气质是行为模式发生的基础。行为问题的发生主要取决于环境和父母的养育方式与幼儿的气质特点不协调。由于社会对行为规范有一定的要求，如果养育环境和养育方式不当，会导致幼儿行为常常不能达到周围环境或社会的要求，从而容易引发幼儿行为偏离，所以难养型气质的幼儿的行为问题明显高于其他气质类型的幼儿。

四、对情绪发展的影响

气质对个体冲动抑制能力和情绪反应强度等特征都有显著的影响。不同气质类型的幼儿情绪调节能力有差异，情绪调节能力和反应强度会影响个体的情绪体验，也会对周围的人产生影响。如果幼儿的气质特点能得到适当引导，可以帮助其调节与控制自身的情绪，促进社会交往能力的发展。

五、对亲子依恋的影响

亲子依恋是幼儿与抚养者之间的一种积极的、充满深情的感情联结。幼儿的气质类型会影响亲子依恋的发展。易养型气质的幼儿常常让养育者有愉悦的情绪休验，对形成安全型依恋关系有促进作用。养育者对难养型气质的幼儿常常采取警告、禁止等方式，态度越强硬，幼儿反抗越大，进而亲子冲突增加，不利于安全型依恋关系的形成。

总之，气质类型对幼儿成长发育会产生持续影响，虽然气质的发展是较为稳定的，但这并不代表气质是不变的。幼儿的神经系统和大脑结构会随着年龄的增长不断发展成熟，进而影响气质的发展。随着年龄的增长和社会化时间的延长，在后天生活环境和教育的影响下，气质是动态发展的。

问题 9 如何观察幼儿的心理活动？

人们常以为婴儿只会哭、睡觉和吃奶，其实孩子自出生后，就作为一个"独立的个体"萌发了心理活动。许多人对此提出疑问，"这么小的孩子，话都不会说，怎么会有心理活动呢？"其实任何年龄的人均有心理活动，随着大脑皮质机能的逐渐完善，幼儿心理会在生活环境丰富的刺激下逐渐形成。

作为家长，如何观察幼儿的心理活动呢？

一、了解亲子依恋关系

有儿童心理学家曾做过这样的实验：将亲子邀请进入一个陌生环境，观察其亲子依恋关系，结果发现了以下三种依恋关系的存在：

第一种，安全型依恋关系。如果幼儿在母亲在场时能感到足够安全，对陌生人反应也比较积极。但当母亲离开时，会明显表现出不安，想寻找母亲回来，当母亲再回来时，幼儿会立即寻求与母亲接触，非常容易被安抚，这属于安全型依恋。

第二种，回避型依恋关系。如果幼儿对母亲在不在场都无所谓，母亲离开时，他们并不反抗，少有不安的表现；母亲回来时，幼儿往往也不予理会，目光忽视和回避，这类幼儿对母亲没有形成亲密的感情联结，我们称之为回避型依恋。

第三种，矛盾型依恋关系。如果幼儿对母亲的离开表现出异常警惕，反抗，大哭，任何一次短暂的分离都会大喊大叫。但当母亲回到他身边时，他对母亲的态度又是矛盾的，既想寻求与母亲的接触，同时又反抗与母亲接触，要花相当长的时间才能平静下来，这属于矛盾型依恋。

孩子早期的依恋关系会影响其情绪情感、性格特征的形成，也会影响其社会行为的基本模式和人际交往的基本态度。

二、观察幼儿的情绪

早期婴幼儿的基本情绪有愉快、好奇、惊奇、厌恶、痛苦、愤怒、惧怕和悲伤等，这些基本情绪从婴儿出生开始，便依照一定的顺序显现出来。这个顺序适应于婴幼儿的生理成长的需要，它们的发生，既有一般规律，也有个体差异。比如，当幼儿受到了惊吓，情绪突然变化，不能用言语表达，会突然哭起来，此时需要家人进行安抚，让幼儿有安全感。当幼儿突然哼哼唧唧或者身体极不正常地扭动时，可能是在寻找自己熟悉的味道，也就是妈妈的味道；也可能是孩子睡得不安稳，可以检查是否需要更换尿片。

三、从行为模式看性格

培养孩子的优良性格，要尊重孩子的个性。通过观察发现，相同月龄的孩子对待同样的一件事，行为表现各有不同，原因就在于孩子先天的个性差异。孩子早期性格的形成，主要通过对主要照顾者以及其他家庭成员行为模式的模仿。所以，主要照顾者及其家庭成员与婴幼儿之间的互动模式极为重要。

问题 **10** 如何判断幼儿的心理是否健康？

　　世界卫生组织（WHO）对健康的定义为，健康不仅是没有疾病，而且包括躯体健康、心理健康、社会适应良好和道德健康。心理健康对个体的健康状况有着不可忽视的作用。

　　幼儿阶段是孩子身体发育和机能发展极为迅速的时期，也是培养孩子心理健康素质的重要阶段。作为家长，应如何判断幼儿的心理健康呢？

一、智力发育正常

　　智力是观察力、注意力、记忆力、思维力和想象力的总和，以思维力为核心。婴幼儿正常智力指婴幼儿智力发展水平与其实际年龄相称，没有明显的反应迟钝及落后。

二、认知功能良好

　　心理健康的幼儿喜欢提问题并积极寻求解答；学习时或完成任何力所能及的任务时，注意力集中；记忆力正常；爱说话，语言表达能力同年龄相符，无口吃情况；生活中对力所能及的事，乐于自己做，不过分依赖别人的帮助，能比较认真地完成别人委托的事。

三、具备良好性格

　　心理健康的幼儿，性格开朗、活泼、热情、主动和自信，能够展现一定的意志力，不过度自卑，也不过度自信，愿与同龄幼儿交往，不孤僻，较少有愤怒情绪和敌对行为。

四、情绪反应适中

心理健康的幼儿有恰当的情绪反应，比如遇到开心的事情会开心大笑，遇到负面的事情或有刺激性的事情则会焦虑、恐惧和害怕等，这都是正常的情绪反应。心理健康的幼儿的情绪稳定，在轻松、愉快和满意等积极情绪体验方面占优势，尽管也会有悲哀、困惑、受挫等消极情绪出现，但不会长久持续，他们能够适当表达和控制自己的情绪，使之保持相对稳定。

五、行为协调

心理健康的幼儿，行为表现既不过度敏感，又不迟钝，面对新的刺激情境能做出合理反应，具有与大多数同龄幼儿基本相符的行为特征；不经常发怒，不无故摔打玩具；生活起居正常，睡眠安稳，少梦魇；无吮吸手指或咬物入睡的习惯；不过分挑食、挑衣；不无理取闹。

六、人际关系良好

心理健康的幼儿在社会化过程中，爱与同龄人交往，在交往的过程中能与人平等、友好、和谐地相处，对人有同情心和友好行为，不随便打人骂人，不妒忌同伴，无明显的凌弱欺小行为等。在家长指导下，能合群，在集体中能愉快地生活，愿意为集体做力所能及的好事。

问题 11 父母对幼儿的健康养育观是什么？

父母是孩子的第一任老师，既然为人父母，就必须要帮助孩子健康、快乐地成长。为人父母"望子成龙""望女成凤"是人之常情，但往往导致许多父母在培养孩子上有两种偏激的态度：一是对子女要求太高，苛刻地教育；二是对子女过于溺爱，只注重孩子的身体发展，往往忽略了幼儿时期心理发展的重要性。父母不仅要重视幼儿的心理发展，还要使心理健康与身体健康协调统一发展，才更有利于幼儿身心健康。因此，父母可以从幼儿身体、行为、心理、道德和社会适应等角度去更新健康养育观。

一、身体健康观

身体健康的衡量指标除了没有疾病之外，还应包括幼儿的体能要求，基本的体能是满足生活和完成各项活动的需要。

二、行为健康观

幼儿时期是养成健康行为习惯和健康生活方式的重要阶段，这个时期养成健康的行为习惯与生活方式会使孩子终身受益。行为健康观指的是幼儿在各种生活环境的影响下产生的适宜行为活动，包括认识身体，讲究个人卫生，爱护眼睛，保持口腔健康，合理饮食、运动，以及健康睡眠等内容。

三、心理健康观

人的心理活动有一个从发生、发展到消失的过程。心理活动过程包括认识过程、情感过程和意志过程，因此衡量幼儿心理健康的指标主要有认知能力、自信心、情绪调节力和意志力等。

四、道德健康观

幼儿的道德教育应该从摇篮时期开始，良好的品德能够帮助孩子规避和抵挡社会中的不良诱惑，为孩子未来的成长打下坚实可靠的基础。例如，陪幼儿外出乘坐公共交通工具时，碰到老人时要让其学会主动让座；在幼儿园与小朋友玩耍时，愿意分享自己的玩具；遇到事情时，善于站在别人的立场，为他人考虑，发展幼儿的同理心。

五、社会适应健康观

当今社会独生子女众多，经常是一群家长对着一个孩子，过度保护和干涉孩子，使孩子没有机会去发展个人能力，从而限制了孩子的发展。家长必须意识到孩子终究是要走向社会的，如果缺乏了适应社会的能力，较难立足于社会。

家长可以为幼儿提供与外界接触的机会，比如，邀请邻居家的孩子到自己家里玩或带孩子做客，遇到合适的场合带孩子出席，这样就满足了孩子渴望交往，渴望得到他人接纳与认同的意愿，提高了孩子与人交往的技巧。再如，也可以鼓励孩子参加集体活动，在这个过程中培养出互助互爱的情感。

可以看出，养育的目标应从单一强调身体健康逐渐转向身体、心理和社会适应等整体健康。同时，家长还要关注幼儿的情绪调适以及思想道德与人格的养成，只有这样才能真正落实健康养育观。

第二部分

幼儿的喂养问题

问题 12 常见的幼儿喂养问题有哪些?

幼儿喂养不良易引发便秘、营养不良和免疫力低下等问题,因此备受家长关注。幼儿喂养与其脑神经、口腔、消化系统的发育和功能密切相关,是一个复杂的生理过程。同时,又受心理、社会因素影响。

针对幼儿的喂养问题,有哪些方面需要了解呢?

一、常见的喂养问题

(一)进食技能不足

幼儿不会咀嚼,食物入口后直接吞咽,常引发呕吐、消化不良等;常含饭菜在嘴里,家长催促仍不肯吞咽;不会或不愿使用餐具,总是直接用手进餐。

(二)挑食

幼儿对不同口感、味道的食物接受程度不同,常拒绝某些食物,造成膳食种类单一。例如,偏爱某种质地、味道的食物而不愿尝试新食物。

(三)喂养习惯不当

幼儿进餐需同时看电子产品、玩玩具等;喂养地点不固定,需照顾者追着喂;食量不当,喂养量超过或满足不了身体需求;过量食用高脂肪、高糖或高碳水的食物。

二、产生喂养问题的原因

(一)生理发育不良或身体不适

幼儿正确进食需口腔、消化系统、感觉和运动功能等都处于正常水平。此外,口腔和消化系统疾病(如口腔溃疡、咽喉炎症、腭裂等)及脑神经损伤等也会影响幼儿进食。

(二)照顾者认知不足

1. 过久的单一母乳或牛奶喂养,长期喂养流质食物等,不利于幼儿口腔运动和对食物的感知,进而影响进食功能。

2. 照顾者总以自己的感觉帮幼儿判断食物，如不给幼儿食用"热气"（辛辣性热）的食物，强迫未饥饿或明显表示饱了的幼儿继续进食，弱化了幼儿进食的兴趣。

3. 照顾者过于焦虑，如幼儿偶尔一餐食量较少就忐忑不安，过多关注可能会促使喂养问题产生。

（三）喂养环境干扰多

喂养幼儿时，周围环境过于嘈杂或有令人不愉快的因素，如家长开着电视或家长间发生冲突。

三、如何解决幼儿喂养问题

（一）学习科学育儿知识

家长应了解幼儿不同阶段的发育特点，并提供恰当的食物，如适时、适量地添加辅食，调整食物的软硬度、大小和调味等，尤其应避免给幼儿食用腊味、辣椒和咸鱼等口味过重的食品。

（二）调整烹饪方式

家长可按幼儿喜好将食物摆成特定造型，如动植物、卡通形象等；对于幼儿抗拒的食物，家长可尝试改变其性状与数量，例如，家长可尝试将少量青菜剁碎混在饺子或肉饼中，待幼儿接受后再逐渐增加数量。

（三）培养进餐习惯

鼓励幼儿坐在桌前与家人一起进食；允许幼儿自行挑选餐桌上的食物；进餐时关闭电子产品；幼儿应参与清理自己掉到地板上的食物。

（四）创造进餐氛围

家长在进餐时夸张地称赞食物的口味；亦可尝试用少量多次的方法让孩子多次添饭，再用"哇，你今天吃了三碗饭呢"等方式表扬孩子；家庭成员间避免冲突或批评幼儿，减少进餐时的负面情绪。

（五）适当限制餐间食物

喂养幼儿应遵循少食多餐的原则，为避免餐间饮食过多影响幼儿正餐，应适量选择水果或牛奶等健康食物。

问题 13 喂养问题如何影响幼儿的心理发展?

喂养问题包括婴幼儿呕吐、进食过少、偏食和挑食,这些喂养问题可直接影响到幼儿的生长发育与身体健康,甚至影响到幼儿的心理发展。

那么喂养问题究竟会对幼儿的心理发展造成什么影响呢?

一、依恋关系的建立

幼儿在 1 岁前后基本都是在吃奶的,这也是个体的生理和心理发育最关键的时期,这一阶段幼儿学会控制身体,感知觉也得到迅速地发展。在喂奶时,幼儿听到母亲的声音,闻到母亲的气味儿,看到母亲微笑的脸,感受到母亲温柔的爱抚和与妈妈的对视,都会在生理和心理上得到满足。

反之,如果母亲因喂奶困难没有及时地去回应幼儿上述各种需求,容易使幼儿表现出反应淡漠、消极或情绪不稳定,影响幼儿活动和探索的兴趣,各种技能发展也会迟缓,这样会影响到幼儿的价值感,并且会在成人后仍然会有深深的匮乏感,并努力通过各种途径去寻求满足。科学研究表明,在喂养过程中母亲或主要照顾者长期忽略幼儿,有可能导致孩子胆小、焦虑、呆板迟钝、孤僻不合群和好哭闹等。

二、人格的形成

弗洛伊德将人格发展分为 5 个阶段:口欲期、肛门期、性器期、潜伏期和生殖期。出生后至 1 岁前后为口欲期,此时幼儿的心理本能或驱力主要集中在口腔部位,他们经常从吹泡泡、咀嚼东西和吞食活动中获得满足。

按照经典精神分析理论的解释,如果因幼儿的吐奶、呛奶、进食过少和偏食等喂养问题而减少喂养的次数或拒绝喂养，使幼儿在口欲期的欲望没有得到满足，导致幼儿人格发展受挫，心理固着在口欲期阶段，并会持续不断地寻求口欲期阶段的满足方式。比如孩子在0～1岁口欲期时没有得到满足，那等到孩子大一点，可能会变成"吃货"，特别贪嘴。

三、语言能力的发展

幼儿时期是语言发育的关键时期，在幼儿时期长期给幼儿吃流食或未能及时添加辅食，一方面，营养素和蛋白质补充不及时，影响脑组织的新陈代谢；另一方面，咀嚼肌的协调能力未得到充分锻炼，口腔运动技能不足，不利于婴幼儿语言的发育。

问题 14　如何培养幼儿良好的进食习惯?

幼儿期是孩子进食能力逐步完善成熟的关键阶段,幼儿通过积极主动的够取及结合食具的灵活应用,完成积极的进食过程及对外部世界的探索和感知,从而实现自我能力的突破,获得心理上的成就感和满足感。

一、什么是良好的进食习惯?

广泛认可的良好进食习惯主要包括:规律进食时间和固定进食地点,专注吃饭,合理膳食,均衡营养,逐步实现自主进食,饭前洗手等。

二、如何培养良好的进食习惯?

(一)家长以身作则,耐心引导

作为早期幼儿学习和模仿的重要对象,想要培养幼儿良好的饮食习惯,家长要发挥榜样作用,如大口吃饭,表现出对食物极大的兴趣,从而带动幼儿。

(二)规律进食时间,固定进食地点

每个家庭可根据实际情况,将进食时间和地点基本固定下来。建议将幼儿的进食时间安排为与家人进餐同时或相近,合理安排三餐时间;同时因幼儿注意力持续时间较短,一次进餐时间宜控制在 20 分钟内;进食地点可安排在家人就餐的餐桌旁,帮幼儿安排一个专用餐椅。

(三)逐步实现自主进食

幼儿学会自主进食是其成长过程中重要一步,家长可以根据发育特点进行反复尝试和练习。

第一阶段：幼儿在 10～12 月龄时能够取较小的物体，手眼运动能力增强，可以尝试让其自己抓香蕉、煮熟的土豆块或胡萝卜等吃。

第二阶段：幼儿在 13 月龄时愿意尝试抓握小勺自喂，此时家长可以进一步锻炼孩子的精细动作和口眼协调能力，锻炼孩子的咀嚼能力，从而顺利过渡到自主进食。

在幼儿学习自主进食的过程中，家长应充分鼓励，保持耐心，增加幼儿对食物和进食的兴趣；同时避免进餐时看电视、玩玩具等干扰因素，使其能够专注进食。

（四）合理膳食，均衡营养

幼儿的消化系统结构和功能还处于发育阶段，因此合理膳食、均衡营养是健康成长的基石。幼儿的辅食应单独制作，保持食物原味，不需要额外加糖、盐及其他调味品；等到 1 岁以后逐渐尝试淡口味的家庭膳食。

（五）饭前洗手

家长可以坚持饭前和幼儿一起洗手，通过边洗手边耐心地和幼儿说"小手干干净净，病毒跑远远，宝宝身体棒棒"等方式引导幼儿理解为什么需要饭前洗手。

第三部分

幼儿的排泄问题

问题 15　幼儿的哪些排泄行为值得重点关注？

　　现在不少年轻父母对幼儿的吃穿已经给予了足够的关注，但是对幼儿的排泄却没有太上心。幼儿的大小便、出汗、放屁都和幼儿的吃喝有密切关系。其实，幼儿的大便、小便、出汗甚至放屁都是父母们应该随时注意的问题，尤其发现幼儿排泄问题时，好多人都不知道应该怎么办，不少家长会到医院求医。

　　幼儿的排出物，包括大小便、汗液和痰液等。了解这些排出物的色、质、量和时间、次数的变化，对于幼儿的消化、吸收及身体状况有很重要的参考价值。

一、大便

　　幼儿的大便反映了他的消化吸收情况和胃肠功能的正常与否。较小的幼儿正常的大便应该是，大便呈卵黄色，或偶尔呈绿色，或混有凝块，稍带酸臭味，稠度均匀，或带少量黏液，每日约 2 到 3 次为正常；较大的幼儿大便呈黄色，干湿适中，每日 1 到 2 次为正常。

　　当幼儿的大便次数超过 3 次以上时，并且大便或稀如水，或稀溏，或有乳块者，或呈黄绿色，大便味秽臭，或腥臭，或酸臭等，可能幼儿有"消化不良"或其他消化问题。当幼儿大便有赤白黏液，以及肛门重坠，时刻想解大便，发热、腹痛，为"痢疾"。当幼儿大便出血，或呈棕褐色，或似赤豆汤，伴急性腹痛，为"出血性小肠炎"。

二、小便

　　正常幼儿的小便为淡黄色。如在夏天天气炎热，出汗多，饮水少，体液浓缩，小便色深而少，都可以视为正常。

当幼儿小便出现色、量及相应的症状时，要考虑幼儿的尿路、膀胱、肾是否有问题。小便色清而量多，伴口渴饮水，常见于消渴和夏季酷暑天气。夜尿不能自控为遗尿。

三、放屁

幼儿放屁是常见的。留意幼儿放屁，对于幼儿的饮食调理和保健是有好处的。幼儿放屁经常存在以下几种情况。

臭屁，放屁或嗝逆不断，并有酸臭味，是消化不良的表现，应减少食量，尤其是减少脂肪和高蛋白质食物的摄入。

空屁，断断续续放屁，但无臭味，多是胃肠排空后，因饥饿引起的肠蠕动增强造成的。这种情况提示家长，幼儿饿了，应及时喂食。

多屁，多屁多粪便，常由于幼儿多食了豆类食物、山芋、白薯时导致的肠道产气过多。

无屁，若幼儿吵闹不安或出现阵阵腹痛，且始终不放屁，也无大便，此时家长不可掉以轻心，可能有肠梗阻，应及时带幼儿到医院就医。

问题 16 排泄行为如何影响幼儿的心理发展？

在幼儿发展过程中，排泄行为管理是一个重要的成长步骤，涉及自我控制的学习以及身体功能的自主管理。良好的排泄行为对幼儿的心理发展和自尊建立具有重要影响，可以促进其独立性和自我调节能力的发展。

一、幼儿排泄行为的理论依据

弗洛伊德的人格发展理论认为，幼儿 1.5～3 岁期间为肛门期，幼儿在这个阶段通过体验粪便的保持和排泄而得到一种紧张被消除的快乐之感；而埃里克森则将幼儿 1.5～3 岁阶段解释为自主与羞怯期，这个阶段幼儿的主要任务为获得自主感，克服羞怯和疑虑，体验自己能按自己的意愿行事的能力。此时的儿童控制自己的大小便，反复使用"我""我的"等字眼，表现出强烈自主的意愿。

在幼儿心理发展的早期阶段，排泄控制是与儿童的自主性和规范感形成密切相关的。这一阶段的管理方式会对孩子未来的性格特征产生重要影响。

二、排泄行为对幼儿心理的影响

幼儿如能顺利地建立良好的排泄行为，不仅能够促进独立性和自我调节能力的发展，还能避免潜在的情绪和心理问题，如焦虑情绪、过分的羞耻感或过度依赖等问题的形成。家长及照顾者若使用不当的训练方法，如对于幼儿排泄行为过于严厉或不一致的管理，幼儿通常会产生紧张、恐惧或矛盾的情绪，这会扰乱幼儿自我控制大小便的自然节律，从而可能导致孩子对排泄活动产生负面情绪，最终影响其心理健康。顺利的排泄行为建立和管理，有利于幼儿建立积极的自我形象，掌握自主性，从而发展出自信心。

三、如何帮助幼儿形成良好的排泄行为

1. 适时开始如厕训练：顺应幼儿的生理和心理发展开始训练，一般建议在幼儿两岁后进行。

2. 积极的态度和鼓励：使用正面鼓励和肯定，避免使用惩罚或负面语言，帮助孩子建立自信。

3. 示范和引导：通过家长的示范和参与，让孩子理解如厕的过程和重要性。

4. 创造支持性环境：提供适合孩子使用的卫生设施，如儿童便器，使训练过程尽可能舒适和无压力。

5. 理解和耐心：理解每个孩子的发展节奏不同，对于如厕训练和排泄管理的进展保持耐心。

通过理解排泄行为在幼儿心理发展中的作用，以及采用恰当的训练和引导方法，父母和照护者可以有效地支持幼儿在这一关键成长阶段的健康发展。

问题 17 如何教幼儿上厕所?

　　幼儿如厕训练是生活自理中的重要一步,在幼儿接近18个月大时就可以开始学习自己上厕所。很多家长在幼儿时期就给幼儿"把尿把屎",其实这样并不利于幼儿髋关节的发育和膀胱功能的生长和成熟。掌握正确的方法会让如厕训练事半功倍,那么如何正确地教幼儿上厕所呢?

一、如厕训练,"选择"很重要

　　家长做好准备教幼儿上厕所的时候,"选择"很重要。训练季节最好选择夏天,夏天天气炎热,穿的衣服相对较少,即使不小心拉、尿在裤子上也很方便清洁。裤子尽量给幼儿选择宽松棉质、容易清洗的,弄脏之后会有明显的不适感,有利于幼儿配合如厕训练。要避免内裤太紧,以免刺激幼儿出现神经性尿频。并且需根据男女宝宝不同的生理特点选择合适的儿童专用马桶,可以选择卡通马桶增加幼儿对马桶的兴趣,只要做到安全舒适,容易清洗,大小高度适中即可。

二、培养使用马桶的意识

　　训练初期,让幼儿每天练习坐在小马桶上,不强迫幼儿一定要脱纸尿裤或裤子,当幼儿愿意坐上去的时候,家长借此机会给他讲解马桶用途以及使用方法,以便幼儿更好地熟悉。熟悉一个星期左右可以尝试脱掉纸尿裤,让幼儿直接坐在马桶上,久而久之让幼儿形成一种习惯,一旦有便意便会很自觉地去马桶上进行大小便。

三、趣味性引导

幼儿们都是比较喜欢动画片和卡通故事的，目前市面上很多动画片和绘本都包含教幼儿如厕训练的内容，家长可以针对幼儿的喜好进行筛选。看动画或读绘本的同时教会幼儿认识和如何使用马桶，幼儿更容易接受生动形象的教学，做到寓教于乐。

四、识别幼儿排泄信号

不论多大的幼儿在大小便前都会发出肢体信号，如站定不动，小脸涨红皱眉，用力握拳使劲等。一旦家长读懂这些信号的时候，可立即将幼儿带到马桶旁边让其在马桶里排泄，时间久了形成条件反射，当幼儿有尿意或便意时就会自己主动地跑去厕所找马桶了。

五、正向强化

要教会幼儿如厕，家长一定不能着急，要有耐性。尤其训练初期，即使幼儿懂得大小便的信号，他们也常会忘记说或等他跑到厕所就已经来不及了，这都是正常现象。家长千万不要指责幼儿，不要否定幼儿先前的一切努力，即使这些努力没有达到你的要求，否则会伤害到他们脆弱的自尊心，更严重的甚至会给幼儿造成心理阴影。因此，刚开始顺利如厕之后要给予幼儿一定的表扬以及称赞，时刻表扬他们的进步，让他们把每一次的错误当作学习的机会，这样不仅能帮助他们顺利如厕，还能增强他们的自信心。

教会幼儿上厕所，是一个相对漫长的过程。但为了幼儿能独自上厕所，这样的等待将是非常值得的。所以，家长们在教导幼儿如何上厕所时，要多点耐心，多鼓励幼儿，让幼儿们更快地学会自己上厕所。

问题 18 幼儿经常大小便在身上，是什么原因?

有些家长常常会疑惑，幼儿最近居然开始频繁尿裤子了，有的时候甚至会拉在身上，可是他（她）2岁半就已经完全能控制大小便了，这是怎么回事呢？也有家长会发现，幼儿经常玩着玩着就忘记去拉、尿，即使提醒他（她）也不肯去，结果没过两分钟他（她）就拉、尿在身上了。幼儿经常大小便在身上，可能与以下几点因素有关。

一、生理因素

1岁半前幼儿通常是由于自控力差、没有充分掌握如厕前的感觉等原因造成大小便在身上的。等18个月大神经系统发育较为成熟，能自主控制括约肌后，适当的如厕训练可以让幼儿养成好的行为习惯。家长在幼儿期应给足幼儿安全感，不过分批评，等到适合的年龄再引导幼儿学会上厕所，大小便在身上的行为会逐渐减少。

二、病理因素

部分疾病，如胃肠道疾病、肛周疾病、脊髓病变、意识障碍或严重的智力发育障碍、功能性遗粪（尿）症等均可能导致幼儿大小便在身上。若幼儿在多种场合下频繁发生这类行为，家长可带幼儿前往医院详细检查及诊断，必要时需进行进一步治疗。

三、心理因素

（一）自我觉察过程

1~3 岁是幼儿自主发展的重要时期，大小便控制权是他们自主发展的一部分。当家长频繁提醒幼儿拉、尿时，幼儿能从家长对他的情绪和态度中知道家长想要控制他。当这个控制权威胁到幼儿的时候，他会不惜一切代价排除威胁，出现"偏要"大小便在身上的行为。幼儿大小便到身上时，他们会从不舒服的身体反应中自我觉察与总结，下一次有这个反应的时候，会自己探索舒服的方式再去解决这个问题。

（二）如厕焦虑

有一些幼儿往往在商场、公园等公共场合出现大小便在身上的行为。这类幼儿习惯了家、幼儿园等固定的如厕环境，养成了固定的习惯，面对陌生环境时一时难以适应，产生焦虑的情绪，从而出现大小便在身上的行为。家长可以通过及时和幼儿沟通，耐心地引导并增加幼儿户外活动的机会，从而慢慢增加幼儿的适应能力，公共场合下大小便在身上的行为就会逐渐减少了。

（三）过于专注

那些在看动画片或玩玩具过程中大小便在身上的幼儿往往因为"贪玩"而忘了上厕所。幼儿往往因过于专注某件事而出现不自主排便的情况，此时家长若不采取适当的"惩罚"可能会在无意间造成幼儿大小便在身上的坏习惯，幼儿会觉得大小便在身上没什么关系，又可以玩耍又可以拉、尿，不用承担任何"责任"。因此当幼儿第一次出现这种行为时，家长可立即叫停幼儿正在专注的事情，安排其整理干净，对自己的行为"负责"。

家长可以根据以上情况综合分析具体导致幼儿大小便在身上的原因，对症下药，幼儿经常大小便在身上这种行为自然会减少。

问题 **19** 幼儿什么时候能不穿纸尿裤？

纸尿裤是目前广泛使用的婴幼儿尿布产品，纸尿裤的普及对于家长而言，降低了养育过程中的麻烦，但是纸尿裤的使用时间长短成了一个备受关注且具有争议的问题。那么，家长到底应该在什么时间帮助孩子戒掉纸尿裤？

一、幼儿不穿纸尿裤的普遍时间范围

研究表明，孩子 15 个月以前过于频繁地把尿可能会导致痔疮和神经性尿频，24 个月以后仍使用尿不湿，可能会造成尿不湿依赖。美国儿科学会关于大小便训练的指导建议在幼儿 18 个月后开始如厕训练。此时，孩子的神经系统发育趋于成熟，能够自主控制负责排泄的括约肌，家长则可以帮助孩子戒掉尿不湿，进行如厕练习。

二、过早或过迟不穿纸尿裤的影响

如果幼儿尚未具备自我控制排便排尿的能力，过早地不穿纸尿裤可能会导致他们频繁尿床或弄脏衣物，影响幼儿的自尊心和自信心的培养。长期依赖纸尿裤则可能会影响幼儿的自主排便排尿能力的发展，甚至导致幼儿对纸尿裤过度依赖。此外，长期使用纸尿裤还可能对幼儿的肌肤产生不良影响，如引发尿布疹等问题。

三、帮助幼儿戒除纸尿裤的建议

家长可以逐步减少幼儿使用纸尿裤的时间，先尝试在白天不穿纸尿裤，再逐渐过渡到晚上也不穿。在帮助幼儿戒除纸尿裤的过程中，家长需要保持耐心和积极的态度，及时给予幼儿鼓励和肯定，以增强他们的自信心和动力。

由此可见，幼儿不穿纸尿裤的时间因个体差异而异，但通常在 1 岁半至 2 岁开始逐渐具备自我控制排便排尿的能力。家长应根据幼儿的生长发育情况，以及家庭教育与引导来合理安排不穿纸尿裤的时间，并注意避免过早或过迟不穿纸尿裤可能带来的不良影响。

问题 20　幼儿不喜欢坐马桶怎么办？

一、幼儿不喜欢坐马桶的原因

很多家长会苦恼因为戒不掉尿不湿，或长时间把尿等原因导致幼儿不喜欢坐马桶。但关于孩子不喜欢坐马桶这个行为，可能还与心理因素或（和）生理因素有关。

（一）心理因素

幼儿从 1 岁左右开始进入自我意识阶段，但这个时候他们的认识还是非常浅薄的，会对自己的身体以及自己身上的东西格外珍视，包括自己排泄出来的东西，一旦丢失某一部分，他们会感到伤心和害怕。所以当马桶冲水的时候，他们也会觉得自己的一部分会被冲走，这种感觉是让他们感到非常害怕和恐怖的。这可能是孩子不愿意坐马桶的原因之一。

产生如厕体位不安全感也是常见的心理原因之一。幼儿总是会害怕自己一不小心会掉到马桶里去，所以不愿意坐马桶。

这些心理影响因素往往是因为幼儿时期的孩子认知能力不足所导致的，等孩子长大以后，这样的情况就会随之减少。

（二）生理因素

幼儿的如厕训练，要等幼儿长到 18 个月，神经系统发育较为成熟，能自主控制括约肌后，才是合适的生理时机。但是大部分家长都会提前训练孩子如厕，让他们做好准备。研究发现，过早训练孩子如厕很容易出现行为倒退，不仅没有效果，反而会让幼儿因为失去兴趣而排斥马桶。因此，家长要格外注意避免过早训练幼儿如厕。

二、家长应对的方法

孩子不喜欢坐马桶，家长也不需要过于担心，耐心引导排便行为习惯有很多方法。

（一）消除孩子内心的恐惧

消除幼儿的内心恐惧是改善幼儿排斥马桶或如厕行为的重要过程。前期家长可以为孩子选择合适的幼儿坐便器。幼儿坐便器的设计专为幼儿量身定制，坐便器的内圈大小较人性化，普遍适宜幼儿的心理和生理。后期家长可试图将孩子放在成人马桶上，双手扶住他们或准备小板凳垫在其脚下以增加稳定性。长此以往，多给孩子尝试的机会，孩子在锻炼中减少恐惧后可培养独立上厕所的能力。

（二）避免坐便器的不适感

很多马桶在使用时都是冰凉的，幼儿的皮肤较为娇嫩，很容易对坐便器触觉不适。家长可在坐便器的外圈套上一层保护垫，或用智能马桶开启保温功能，避免坐便器带来的不适感。

（三）通过读绘本引导幼儿

市面上的很多绘本都有讲关于马桶或如厕的故事，家长可以专门找出一些比较生动形象的故事讲给孩子听，告诉孩子只有长大之后才能坐马桶，孩子觉得自己是小大人了，便会无比自豪，从而大胆地尝试坐马桶。这时，家长只需要带着孩子一起去选购他们喜欢的幼儿卡通马桶，引导孩子如何去正确地使用马桶就可以了。

每一个孩子都希望自己与同龄人能融合在一起，如果他们发现别的小朋友都喜欢坐马桶，而自己不喜欢时，他们也会反思自己的行为，从而自己去尝试，家长要抓住孩子的心理，思考他们心里想的是什么，所担心的是什么，然后对症下药，这样可以让孩子更好地接受马桶。

问题 **21** 为什么幼儿上厕所总要有人陪?

许多家长都有这样的困扰,幼儿已经快上幼儿园了,应该渐渐学会独立,但却连上厕所都要人陪着。这是为什么?家长又该怎么办?

一、幼儿不愿独自上厕所的原因

(一)幼儿自身胆量小

有的幼儿天生胆子小,容易受到惊吓。上厕所时冲水的巨大声音,很容易使幼儿感到害怕。如果是晚上上厕所,厕所里漆黑又安静,更容易令幼儿联想到恐怖的事物,从而不愿意一个人去厕所。

(二)幼儿缺少独立意识

一些幼儿从出生起就被家人当作"小皇帝""小公主",一切事务都由大人包办,甚至连上厕所都是家长帮着擦屁股和穿脱裤子。在这样的环境中,幼儿得不到锻炼的机会,学不会独自上厕所。

(三)幼儿产生分离焦虑

分离焦虑是指婴幼儿因与亲人分离而引起的焦虑、不安或不愉快的情绪反应。当父母总是忽视幼儿,或者是缺少对幼儿的陪伴时,幼儿容易缺乏安全感,从而产生分离焦虑。

二、家长做这些,助力幼儿独自上厕所

(一)锻炼幼儿的胆量

一方面,家长要多带幼儿出门,多让幼儿和小区里、公园里的小朋友玩

要，购物时可以让幼儿帮忙问价格和付钱等。这样既可以增加幼儿和外界的交流，也可以让幼儿适应家庭外的复杂环境，锻炼幼儿的胆量。

另一方面，家长不要吓唬幼儿。"你再不听话坏人就会把你抓走""你不好好吃饭我们就不要你了"，类似这样的威胁是不适合对幼儿说的。家长也不要给幼儿看恐怖类的动画或者视频，不要讲恐怖故事吓唬幼儿。

（二）家长减少包办

家长要教幼儿具体的上厕所步骤，如何脱裤子、擦屁股、穿裤子以及上完厕所之后要冲水和洗手，可以先将动作示范给幼儿看，再让幼儿尝试。初期家长可以在旁监督，幼儿做错时及时纠正，等幼儿学会后，家长则不再陪同，并且要鼓励幼儿独自上厕所。

除了上厕所，对于吃饭、洗漱、穿衣、穿鞋和整理玩具等事情，都要鼓励幼儿自己完成。刚开始幼儿可能做得并不好，衣服穿得歪歪扭扭，饭粒掉得到处都是，但家长要相信在不断的实践中，幼儿会做得越来越好。

（三）提升幼儿的安全感

有安全感的幼儿能够大胆地探索周围的环境，单独去上厕所也不在话下。要想提升幼儿安全感，陪伴是必不可少的，但陪伴可不是坐在幼儿旁边看手机这么简单，也不是包办一切事务。

在陪幼儿时，家长应该放下手机，放下工作，与幼儿共同度过一段只属于彼此的时光。在这段时间里，家长能认真感受幼儿的喜怒哀乐，耐心倾听他的童言童语，从幼儿的角度看待问题并给他积极的回应。

幼儿不愿意独自上厕所只是表面的现象，当家长了解现象背后的原因，找到了改善的方法，就能帮助幼儿做到独自上厕所。

问题 22　如何培养好的如厕习惯？

上厕所可能听起来很平常，但它是生活中很重要的一部分。很多家长觉得教会幼儿独立上厕所就够了，但殊不知好的如厕习惯对幼儿发展十分重要。良好的如厕习惯是消化、排泄和整体健康的关键。若不从小培养，很可能造成如厕相关的身心问题，产生深远的影响。那么家长该如何给幼儿培养良好的如厕习惯呢？

一、建立生活常规

家长要为幼儿建立良好的生活常规，排便时间可选择在早晨睡醒后和晚餐后 1 小时左右，尽量不要超过 10 分钟。白天避免过度活动、刺激性娱乐、劳累、紧张等，尤其需纠正幼儿过于贪玩的行为，兴奋刺激下大脑常常意识不到或自动忽略膀胱发出的信号从而导致尿裤子。因此家长除了规定幼儿在户外玩耍的时间外，还需常督促其小便。

二、调节作息习惯

有的幼儿可能存在尿床的情况。临睡前尽量减少水、饮料或牛奶等液体摄入，督促幼儿养成睡前小便的习惯。饮食上在保证营养均衡的同时，选择容易消化的食物，少食多餐，清淡饮食，少吃甜食和零食。家长还需掌握幼儿尿床的时间规律，记录排尿周期，定时唤醒或使用闹钟提醒幼儿夜间起床排尿，使之形成条件反射，能及时醒来排尿。

三、培养生活自理能力

2~3岁幼儿的生活自理能力比较差，加上父母或老人常包办代替，平时缺乏锻炼的机会。很多幼儿有意识自己去上厕所，但因为平常训练不到位，精细动作差，不会提裤子拉拉链。有的幼儿则因为运动锻炼不足，腿部大肌肉发展不足，蹲不住，常尿到裤子上。因此，家长在生活中应多给幼儿独立的机会，如厕能力和习惯自然也会改善。

四、养成良好的如厕习惯

很多家长为了让幼儿坐在马桶上拉、尿，常用手机或故事书吸引幼儿。殊不知是非常不恰当的做法。"一心二用"下很容易延长排便时间，不利于身体发育。而且，家长也要在日常生活中注意引导幼儿有便意不要忍，及时去厕所，上厕所过程中避免过度用力，掌握正确的擦拭方向，或如厕后要洗手等细节问题，从而让幼儿更健康地上厕所。

需要注意的是，部分幼儿对于上厕所可伴有不同程度的紧张、焦虑、害怕或羞耻等情绪问题。作为家长要紧密关注幼儿的情绪变化，切勿批评指责打骂，尽量以耐心和包容的态度对待幼儿，给予幼儿关心、帮助、爱护及疏导，以便帮助幼儿更好地完成上厕所这件"大事"。

第四部分

幼儿的睡眠问题

问题 23 哪些因素会影响幼儿的睡眠?

睡眠是人的基本生理需求。高质量的睡眠可以保证机体生长发育,为身体储蓄能量,维持机体免疫等,婴幼儿也不例外。幼儿睡眠受多种因素的影响,常见的影响因素有基因因素、气质因素和环境因素。

一、基因因素

睡眠模式与基因有关。科学研究表明,代谢型谷氨酸受体 1(GRM1)基因的两个独立突变会导致家族性自然短睡眠,携带此类基因的幼儿通过较少的睡眠就可以精力充沛。另有报告显示,SIK3 蛋白酶基因的剪切突变会导致总清醒时间显著减少。

二、气质因素

易养型气质幼儿的作息规律,能够保持积极愉悦的情绪,新环境适应能力强,容易接受新环境及新事物,对社交互动反应积极。

难养型气质幼儿作息无规律,经常哭闹,易怒易烦躁,安抚困难,对新事物及新环境接受较慢。他们情绪不稳定,不能进行良好的社交互动,需要家长们付出较多的耐心。

中间型气质幼儿介于以上两种气质类型之间。他们在作息方面比较规律,但是对人和事会有回避态度,对周围环境刺激反应较为强烈,但在情绪及困难应对方面较难养型幼儿更积极。

不难发现,相较于易养型及中间型气质幼儿,难养型气质幼儿更容易出现比较严重的睡眠问题。其主要原因是难养型气质幼儿大脑皮层抑制功能较差,在大脑特定区域受到刺激时，如光电刺激、惊吓或进入陌生环境等，其神经系统持续保持兴奋状态，较难安抚自己。

易养型和中间型气质幼儿，在出现不良情绪时，自我调节能力较强，能够在父母的安抚下迅速平静下来，因而出现睡眠障碍的情况比较少见。

三、环境因素

（一）声音

严重的噪声会对婴幼儿睡眠质量产生影响，使其不能进入深睡眠，进而使生长激素分泌减少，影响婴幼儿生长发育。

（二）光线

光线通过影响昼夜节律进而影响睡眠。对于小月龄幼儿，父母可通过调节光线的变化，帮助孩子建立昼夜节律，避免黑白颠倒睡眠。对于较大月龄幼儿，让其通过接触晨光，在维护昼夜节律的同时，促进其夜间褪黑素分泌，提升幼儿夜间睡眠质量。

（三）温度和湿度

婴幼儿进入深度睡眠后，体温会下降，若室内温度过低，幼儿会被冻醒；若室内过于干燥，易导致幼儿鼻黏膜干燥，影响其呼吸，导致其睡眠质量下降。因此理想室内温度为22～26℃，湿度为40%～60%。

（四）睡眠空间

部分婴幼儿可能对新空间的适应需要较长一段时间，陌生的空间会让幼儿产生紧张的情绪，难以入睡。睡眠区域尽量不要放置太多压迫性物品，尽量避免将婴儿床放置在墙角，容易对幼儿造成压迫感。

问题 24 如何帮助幼儿养成良好的睡眠习惯？

睡眠在儿童生长发育过程中起着重要作用。在睡眠时，机体会分泌促进骨骼生长和身体发育的生长激素。中国《0岁～5岁儿童睡眠卫生指南》推荐睡眠时间：0～3个月的婴儿应达到13～18小时；4～11个月的幼儿应达到12～16小时；1～2岁的幼儿应达到11～14小时；3～5岁的儿童应达到10～13小时。

那么，家长应该如何帮助孩子养成良好的睡眠习惯呢？

一、坚持适当的活动和游戏

适当的活动和游戏对拥有良好睡眠有积极影响。孩子在白天进行适当的锻炼，可提高晚上的睡眠质量。家长可以坚持每天与孩子增加游戏时间，或共同完成某项孩子感兴趣的活动，如躲猫猫游戏或抛接球等。需要注意的是，剧烈的运动会使大脑亢奋，不易入睡。因此，家长在安排活动和游戏时，应考虑时间因素，不宜在睡前进行。

二、调整不良的饮食习惯

孩子的饮食也会影响其睡眠。例如，咖啡因就是影响睡眠的重要因素之一，生活中许多食物和饮料均含有咖啡因，如巧克力、碳酸饮料和咖啡等。因此，家长应尽量避免给孩子摄入此类食物，可以替换成酸奶、水果或果汁。另外，家长应避免在睡前给孩子吃油腻辛辣的食物。

三、创造舒适的睡眠环境

睡眠与环境的温度、湿度、光线和声音等均有关系。孩子在凉爽、安静以及昏暗的房间里会睡得更好。家长要确保孩子睡眠环境是舒适的，一般情况下，温度为 22℃～26℃，湿度为 40%～60% 的环境更有利于孩子的睡眠；睡觉时，也应关掉房间的灯光，但部分孩子对于全黑的空间会感到恐惧，家长可根据孩子对光线的需求，为孩子提供小夜灯，营造昏暗的睡眠环境；家长可在睡前给孩子讲故事书或播放轻音乐，帮助孩子放松，进入休息状态。值得注意的是，不宜在睡前给孩子看电视或使用其他电子产品，特别是孩子感兴趣的动画，热闹的声音和明亮的光线会让孩子大脑兴奋，更难入睡。

四、制定简单的就寝程序

坚持做有规律且放松的晚间活动能够让身体进入睡眠准备阶段。家长需要观察并记录孩子的入睡时间，制定简单的就寝程序，如孩子的睡觉时间是晚上 9 点，家长可在睡前 30 分钟为孩子安排 2～3 个轻松安静的晚间活动，放松身心，准备进入睡眠阶段。例如，先完成睡前洗漱活动，接着，陪伴孩子阅读睡前绘本，最后聆听睡前轻音乐，和孩子共同进入梦乡。长此以往，孩子就能够养成良好的睡眠习惯。

问题 25　睡眠对幼儿后期生长发育的影响是什么？

充足、良好的睡眠是幼儿健康生长发育的必要条件之一。在睡眠过程中，身体能量消耗较少，有助于幼儿体力恢复，缓解疲劳；内分泌系统分泌生长激素较清醒时增加，进而促进幼儿身体的生长发育和大脑神经系统功能成熟。

一、睡眠对幼儿身高的影响

研究表明，儿童深睡眠时的生长速度是清醒时的三倍。原因是熟睡时脑垂体会分泌大量生长激素，进而促进身体各个器官、骨骼、肌肉、结缔组织的生长发育。

1岁后的幼儿，垂体分泌生长激素呈规律性分布，主要分泌时间在21:00—凌晨1:00及早上5:00—7:00两个时段，且深度睡眠期比浅睡眠期分泌生长激素多。因此，想要幼儿长得高，高质量睡眠非常关键，一般建议21:00前幼儿进入深度睡眠。

二、睡眠对幼儿体重的影响

饱食的幼儿，脂肪组织会产生瘦素，瘦素可通过作用于中枢神经系统受体调控幼儿新陈代谢。如幼儿睡眠不足，体内胃饥饿素增加，抑制瘦素分泌，就会导致幼儿肥胖。

三、睡眠对幼儿免疫功能的影响

研究表明，睡眠剥夺可使免疫系统内自然杀伤细胞的杀伤力和白细胞吞噬能力下降，恢复睡眠后，免疫细胞功能可逐渐恢复。

幼儿自身免疫力低，一旦睡眠时间少，睡眠质量低，身体无法得到休息，就无法产生抵御疾病的免疫因子，细菌、病毒趁虚而入。因此，保证幼儿充足、良好的睡眠，不仅可以让孩子的身体得到休息，也可以激活免疫系统，减少孩子感染性疾病的发生。

四、睡眠对幼儿认知能力的影响

睡眠不仅能促进幼儿的生长发育，提高其免疫力，也对其认知能力有重要影响。

幼儿进入深度睡眠后，脑血流量增加，将促进脑蛋白质合成，进而影响幼儿认知能力的发展。因此，提高幼儿夜间睡眠效率，帮助幼儿养成良好的睡眠习惯，不仅可以提高其大脑的反应速度，也可以提高其记忆力，让孩子更聪明。

综上，睡眠与孩子的生长发育、免疫力和智力等息息相关，父母应尽早帮助幼儿养成良好的睡眠习惯，安排合理的作息时间，帮助孩子健康成长。

问题 26 如何应对幼儿睡眠觉醒节律变紊乱的问题？

幼儿睡眠觉醒紊乱是指 0～3 岁的儿童睡眠与觉醒的周期杂乱无章，没有规律。由于某些因素破坏了"生物钟"的功能，使某些幼儿的睡眠觉醒节律与正常宝宝不同，导致幼儿睡眠质量下降，从而产生烦躁、哭闹等行为。

一、幼儿睡眠觉醒节律紊乱的表现

（一）入睡困难

幼儿可能哈欠连天，哄半天却睡不着。有时幼儿半闭着眼睛，家长将其轻轻放下时，突然就醒了；有时并没有什么征兆，幼儿的眼睛突然睁开，左扭右扭就醒了。

（二）频繁夜醒

夜间，幼儿一个睡眠周期后醒来是正常现象。如幼儿没有饥饿或尿意，稍微活动后，就会进入下一个睡眠周期。但是，如果幼儿已经养成抱、拍、摇或含着乳头才能入睡的习惯，醒来后发现周围环境和之前不同，就会通过哭闹的方式满足自己的需求，导致频繁夜醒的发生。

（三）睡眠周期提前或延迟

多数幼儿在晚上 7:00—8:00 之间入睡，但有的幼儿傍晚就开始入睡，清晨很早就醒过来了，也有一些幼儿入睡时间和自然醒时间均比正常时间晚。幼儿早睡早醒和晚睡晚醒，导致与家长的入睡时间产生矛盾。

二、如何应对幼儿睡眠觉醒紊乱？

（一）足够的安抚

对于入睡困难的幼儿，需要在家长的辅助下，经由 20 分钟左右的浅睡眠状态进入熟睡阶段，家长要给予这样的幼儿足够的哺乳、轻拍和轻摇等。

（二）延迟满足

易夜醒的幼儿，夜醒开始哭泣时，可以先让他哭 1～2 分钟，之后再给予安慰，暂不要进行哺乳。如果再哭，可以等待 2～5 分钟后给予安慰。宝宝会从大声哭泣逐渐变成小声啜泣，随后停止哭泣，最后自己入睡。

（三）调整作息

逐渐延迟或提前入睡时间，每天比前一天延迟或提前 15 分钟，同时调整妈妈白天哺乳及宝宝白天小睡的时间，晚间入睡前 4 小时尽量不要安排小睡，避免晚间入睡困难。

当然，幼儿睡眠觉醒节律紊乱还与睡眠环境、不良生活习惯、喂养方式不当和精神心理刺激等因素有关，家长要根据实际情况，对症下药，才能事半功倍。

问题 27 幼儿入睡困难的表现有哪些?

睡眠是人类基本的生理需求,充足优质的睡眠可以为身体及大脑进行"充电",对发育中的幼儿是至关重要的。有的幼儿可以自己入睡,也有许多家长经历过幼儿不愿意睡觉、越哄越不睡甚至半夜惊醒的情况。

一、幼儿入睡困难的表现

(一)睡不着

家长经常发现,幼儿上床半小时后仍无法入睡。尽管幼儿已经很困了,闭上眼睛却胡思乱想,有时候想起白天好玩的事情,有时候找借口起床如厕或者喝水。

(二)拒绝睡觉

幼儿入睡前过度兴奋,玩不够,不愿意睡。与父母斗智斗勇,有时要家长拿着"小棍子"强制上床。明明很累了,眼睛通红,也拒绝入睡,越哄越不睡。

(三)拖延时间

拖拖拉拉不睡觉,没有时间观念。不愿意完成睡前的准备工作,例如洗澡、刷牙和如厕等活动。和家长讨价还价,要求再玩一会,再看一会电视或者再读一个故事等。

(四)不能独立睡觉

不愿意或不敢一个人睡,常要家长陪同。或者依赖某些事物才能睡,例如开灯、听音乐或盖固定的小被子等。特别是幼儿在入睡前观看了有恐怖画面的动画或反复玩刺激紧张的电子游戏，在熄灯后，幼儿可能会反复代入相应的情节，在入睡时感到害怕、焦虑，有时还会做噩梦，导致不能独立睡觉。

（五）半夜醒来

有的幼儿经常是好不容易睡着了，但睡没一会就起来"捣乱"。醒来时间过长，而且要家长陪伴安抚，才能再次入睡。

（六）早醒

天还没亮，就起床做"早起的鸟儿"，睡眠时间不足。有的幼儿早醒后，在白天中会显得困倦，例如做事没精神，或者在吃饭的时候睡着等。

（七）睡眠浅

无法熟睡，身边有一点风吹草动就会醒来。尽管已经睡过了，但醒来感觉像没睡过一样。

二、健康睡眠时间建议

美国睡眠医学学会睡眠指南推荐，幼儿最佳的健康睡眠时长为 11 至 14 个小时。睡眠时间不足的幼儿，在第二天日常活动中，容易有疲劳、易怒、注意力不集中、记忆力下降等表现。

睡眠质量的好坏，影响着幼儿的生长、情绪、学习和活动等各个方面，也给家长带来了烦恼，影响亲子关系。部分幼儿除了睡眠问题外，还可能伴有其他生理和心理问题，都需要引起家长的关注！

问题 28　幼儿夜惊怎么办？

　　幼儿夜惊主要表现为入睡后突然惊醒、惊叫或哭喊，伴有惊恐，出汗，呼吸急促和心率加快等自主神经症状。夜惊一般在幼儿入睡后较短时间发作，发作时间一般为 1～10 分钟，患儿一般在醒时对夜惊无记忆。夜惊发作频率不固定，可连续数日或数十日发作，有时隔日发作一次。

一、造成幼儿夜惊的原因

　　幼儿出现夜惊与遗传因素及心理因素有关。研究发现，约 50% 的患有夜惊症的幼儿有家族史，父母儿时也有类似情况发生，据此推测夜惊的发生具有基因遗传性。心理因素也对夜惊症有影响，如幼儿受到惊吓，睡前听到恐怖故事，看到恐怖电影，父母长期分离及父母争吵等，均可导致幼儿安全感缺乏，从而出现夜惊。

二、如何改善幼儿的夜惊问题

（一）睡前避免接触手机等电子设备

　　电子设备发出的光会干扰褪黑素分泌及生理节律，延迟入睡时间。因此，避免宝宝睡前接触电子设备有助于幼儿睡眠节律的形成，促进孩子大脑的正常生长发育。

（二）建立简单的睡前仪式

　　可以通过讲故事或听一些轻音乐帮助幼儿建立睡前仪式，使睡眠行为习惯形成新的条件反射，按照生物钟调整作息时间，让幼儿大脑和身体得到充分的休息。

（三）通过抚摸进行安抚

幼儿出现夜惊，通过抚摸幼儿头部、背部或臀部，帮助幼儿建立安全感，使幼儿感到自己处于安全、温馨的环境中，从而消除紧张情绪。

（四）利用安抚物进行安抚

把熟悉的安抚物放置在幼儿手边或者枕边，可以让宝宝拿着安抚物或者闻着安抚物熟悉的味道入睡。安抚物可以是一些触感良好的毛绒物品或者小玩具等。注意在宝宝熟睡后，可将安抚物及时取走，以防其堵住宝宝口鼻，从而影响其呼吸。

（五）适度唤醒

如果宝宝在睡眠过程中突然出现大哭不止，且持续时间较长，父母可以尝试用柔和的灯光或轻柔的声音将宝宝唤醒，唤醒后再进行安抚。

（六）培养良好的睡眠习惯

帮助幼儿建立良好的睡眠行为习惯有助于预防夜惊症的发生。

首先，避免白天时过度紧张焦虑的情绪，进行适度运动，让宝宝消耗精力和体力，并确保晚上睡眠时不要太兴奋。

然后，可以在睡前给宝宝洗一个热水澡，不仅可以帮助宝宝消除日间的疲劳，也可以促进血液循环，使其睡眠更加安稳。良好的睡眠环境也至关重要，宝宝睡眠时房间温度和光线要适宜，避免过冷过热或强光刺激，宝宝的枕头要软硬适中，尽量也不要在床上放置过多玩具。

幼儿期是儿童生长发育的关键时期，大脑在此阶段高速发展，很难完全避免夜惊。家长要掌握科学的方法应对问题，随宝宝月龄的增加，睡眠逐渐趋于成熟，夜惊的情况会逐渐减少。

问题 29 磨牙症对幼儿有哪些影响？

磨牙症是指人在非生理状态下咀嚼肌不自主收缩，使上下牙齿间断性、节律性产生牙齿紧咬或者不断摩擦，并发出响声。磨牙症使幼儿在睡眠时下颌不能正常进行生理性休息，是幼儿期较为常见的睡眠障碍之一。

一、造成磨牙症的原因

磨牙症的病因目前尚不清楚，现阶段研究认为磨牙症的发生与以下几种因素有关：

（一）寄生虫感染

幼儿胃肠道内的寄生虫产生毒素，使神经系统兴奋性增高，可能是导致幼儿夜间磨牙的原因之一。例如，在幼儿入睡后，蛲虫进入幼儿肛门处产卵，引起肛门瘙痒，孩子睡眠无法安稳，会出现磨牙。

（二）过饱饮食

入睡时，胃内有很多未被消化的食物，消化系统持续工作，甚至连咀嚼肌也被动员起来，会不由自主收缩，导致磨牙。

（三）缺乏维生素D

幼儿缺乏维生素D易患佝偻病，体内钙、磷代谢紊乱，导致幼儿低钙性抽搐和自主神经紊乱，从而出现多汗、夜惊和磨牙等行为。

（四）精神紧张

部分幼儿睡前神经系统过于兴奋，也会出现磨牙。有些宝宝刚刚进入幼儿园，不适应新环境，与小朋友相处不良，压力过大从而出现紧张情绪，也会有磨牙的行为发生。

（五）牙齿咬合不良

幼儿牙齿咬合不良或长期用一侧牙齿咀嚼食物，会导致咀嚼肌位置偏移，夜间睡觉时，咀嚼肌无意识收缩，引起幼儿磨牙。

（六）睡眠姿势不佳

如果幼儿睡觉时头经常偏向一侧，会造成咀嚼肌不协调，使受压的一侧咀嚼肌发生异常收缩，从而出现磨牙。如果幼儿晚上蒙着头睡觉，氧气供应不足，也会引起磨牙。

二、磨牙症对幼儿的影响

（一）损害幼儿牙齿健康

幼儿夜间磨牙，缺少了食物的震动缓冲，牙齿间剧烈的摩擦会损坏牙釉质表面，导致牙齿表面的损坏，长时间下来，牙齿会变小、变薄。频繁磨牙会导致牙齿过敏、牙周炎等口腔疾病。

（二）影响幼儿睡眠质量

幼儿过度磨牙会影响其睡眠质量，磨牙容易发生在浅睡眠期，磨牙会延长进入深睡眠的时间，使深度睡眠时间减少，从而使幼儿白天时精力不佳；另外，磨牙也会影响幼儿深度睡眠时激素的分泌，对幼儿的生长发育产生一定消极影响。

（三）使幼儿面部肌肉疲劳

磨牙容易使幼儿在吃饭、说话时下颌关节和局部肌肉酸痛。有些长期磨牙的幼儿在张口时下颌关节还会发出响声，严重者可造成下颌关节紊乱，这样会阻碍幼儿进食及说话，进一步降低幼儿的生活质量。

问题 30 如何应对幼儿夜啼？

"我的孩子总是半夜啼哭，有时候会哭闹，要花费大量的精力才能哄睡着，导致我睡眠不足，第二天没精神工作"，一位家长烦恼地说道。幼儿原本有一段时间可以睡整觉了，但最近又频繁夜啼，且哄睡困难，醒来不能马上睡着，要半小时才能"接觉"，相信大部分家长都有过这样的困扰。

一、幼儿为什么频繁夜啼？

（一）生理原因

出牙、发育过快、缺钙或其他身体原因，都会使幼儿感到不适，导致夜里睡不安稳；幼儿白天奶量不够，导致半夜饥饿，或者睡前过多地进食导致积食等原因，也会导致幼儿夜啼。

（二）带养问题

白天长时间地玩耍，日间补觉过多等不良生活习惯，可能会使幼儿在夜晚提前疲倦入睡，扰乱正常的生物钟，导致半夜提前起床。家长在幼儿早期，为使其可快速入眠，长期采用抱睡、奶睡、陪睡等方式，过度地安抚幼儿入睡，没有培养幼儿独立入睡的习惯。幼儿养成习惯后，如果缺少相应的刺激，夜啼后无法入睡。频繁更换养育者，睡前看有刺激性画面的电子产品等，都会使幼儿没有安全感，导致晚上睡不安稳，常寻求安慰。

（三）环境问题

生活环境嘈杂，灯光过亮，房间布置不够温馨，温度不适宜都会影响幼儿的睡眠，导致其夜啼。如今受到繁华城市彻夜不关的霓虹灯和家里电子产品发出的亮光等各种光污染的影响，尽管房间拉上窗帘，房间仍会透入少量光线影响幼儿睡眠。家长过分担心幼儿睡觉时受凉，包裹过多，导致幼儿体温过高，半夜踢被子，焦躁不安，持续哭闹，无法再次入睡。

二、幼儿频繁夜啼，该怎么办？

（一）养成良好的习惯

每日有固定的起床和睡觉时间，午睡时间不过长。白天有适当的运动量，避免过大的运动量导致身体疲倦，但大脑却异常兴奋。

（二）形成良好的睡前仪式

家长以身作则，定时引导幼儿上床入睡，形成入睡前仪式习惯，如睡前有刷牙或换衣的步骤。调节好房间的温度及灯光，提前进房间营造睡眠的氛围。避免给幼儿看有恐怖画面的动画，不给幼儿喝饮料，如牛奶、奶茶和咖啡等。

（三）降低安抚的等级

改变哄睡的方式，让幼儿学习睡觉时安静地躺在床上，养成自然入睡的习惯。起初夜啼时要及时安抚，提升幼儿的安全感。父母可尝试白天给幼儿补觉，哭闹时延迟安抚，先等待其自行入睡，提升幼儿白我安抚的能力。让幼儿在白天形成自主接觉的习惯后，再慢慢过渡至夜晚。

（四）改善身体不适

感冒、过敏性鼻炎、腺样体肥大和肥胖等疾病都会影响孩子的睡眠，家长应该及时就医。特别是疾病引起睡眠常见的问题"打鼻鼾"，表现为睡觉时张大嘴巴呼吸，发出鼾声，甚至呼吸不顺畅，幼儿有时候会被憋醒，导致烦躁。

问题 31 更换环境对幼儿睡眠有什么影响?

在自己家睡得好,在奶奶家就睡不好?

旅游回来忽然变瞌睡龙?

搬家之后,幼儿不肯自己睡?

……

许多家长会带着幼儿频繁更换睡眠环境,有时在奶奶家住,有时又在外婆家住,甚至经常度长假,搬家,换床,这些都会导致睡眠环境的切换。虽然幼儿的适应能力较强,也比大人有更强的警觉力和好奇心,但是幼儿对于换环境敏感度高,家长一旦处理不当,情况就会变得有些棘手。

那么更换环境对幼儿的睡眠有什么影响呢?

首先,旅游、搬家和回老家住,睡眠环境的变化,可能会影响幼儿睡眠的稳定性,其中最深层次的原因是,父母"以为"换环境时幼儿需要更多的抚慰,做出超越以往界限的回应,当幼儿接受哄睡升级之后,就会习惯新的哄睡方式。

其次,影响较大的是在搬家和旅途的过程中,幼儿作息的一贯性被打破,该睡的点没睡,该醒的时候没醒,当规律的作息变得逐渐混乱时,睡眠问题就很容易再次发生。

为什么更换环境对幼儿的睡眠有影响呢?

孩子出生的时候,感官不是一片空白的,实际上受孕 4 周左右,宝宝的感官就开始发展,有些宝宝的感官能力特别好,不管在什么嘈杂的环境下都能入睡,适应能力比较强,这样的是天使宝宝;而有些幼儿花点力气也能适应各种环境,这是一般性幼儿;还有一种高需求宝宝,这种不太能接受周围的变化,希望保持在妈妈肚子的环境里,这样的宝宝睡眠的需求条件也比较高。所以,感官能力对幼儿适应环境非常重要，当孩子的感官能力较差时，不能处理环境的刺激，其睡眠质量受更换环境影响会较大。

在更换环境后，家长如何帮助幼儿提高睡眠质量呢？

准备阶段：关键的是让幼儿有"熟悉的感觉"，感到安全。做到同样的独睡或合睡，同样的安抚物，同样的睡袋，同样的睡前仪式，同样的安抚方式。

入睡阶段：家长做了让宝宝安心舒适的工作，还需要保持入睡方式的一致。也就是说，幼儿在家可以自主入睡的，在新的环境也可以让幼儿自主入睡，在家陪睡的，家长依旧躺下陪着幼儿睡着。没必要预设"因为我们换环境，所以幼儿需要更强的安抚"这种逻辑前提。

安抚方面：如果家长确实觉得需要帮助幼儿入睡，那也可以通过比平时稍强的安抚手段，帮幼儿更顺利地度过第一至三个晚间的入睡，然后再逐渐回归原本的入睡方式。

问题 32 多子家庭如何处理幼儿睡眠问题?

儿童因其气质类型、外界环境、行为模式的差别,睡眠调节及维持能力各不相同。我国有超过半数的幼儿存在不同程度的睡眠问题。随着国家计划生育政策的调整,家庭结构越来越多元化,二胎家庭、三胎家庭比例日益升高,不同睡眠能力的儿童彼此影响,多子家庭面临睡眠问题的挑战逐渐加大。那么,多子家庭的家长应该如何处理幼儿睡眠问题呢?

一、如何应对不同年龄段儿童睡眠需求的差异性

在多子家庭中,不同年龄阶段儿童的睡眠需求存在差异,总体呈现随年龄增长而逐渐减少的趋势。不同睡眠需求的儿童会互相影响,进而带来睡眠问题。家长可以增加小儿童日间小睡的次数和时间,调整多个儿童夜间入睡前准备的开始时间,在大致相同时间段进行。在此期间,鼓励大儿童参与小儿童的睡眠准备活动,促进亲子关系、同胞关系,也增进大儿童对睡眠卫生知识的了解,培养大儿童健康规律的睡眠行为习惯。

我也要跟你们睡

二、如何培养儿童独立睡眠

多子家庭培养儿童独立睡眠时，要格外关注不同儿童睡眠需求的差异性，根据自身家庭特点，选择不同的方式。子女年龄差距较小时，建议等小儿童具备独立睡眠能力后，同步开始培养独立睡眠，保护儿童内心安全感。子女年龄差距超过三岁以上，可以尝试先后培养独立睡眠，但要在分床睡眠过渡至分房睡眠期间，密切关注儿童情感需求，如果儿童表示拒绝，要及时接纳，减少因调整睡眠方式带来的分离焦虑、同胞竞争等情绪问题。

三、如何应对已存在的睡眠问题

对于已经出现入睡困难、频繁夜醒、作息紊乱等睡眠问题的多子家庭，充分安抚、延迟满足、开展流程化入睡准备活动等行为治疗仍然是解决问题的一线方案。同时，适宜入睡环境的安排、睡前抚触、白噪声、安抚物等辅助手段也是有效解决睡眠问题的办法。在这个过程中，要充分发挥各个家庭成员的作用，爸爸、妈妈以及家庭中的每一个儿童都要共同参与，一起撕掉多子家庭的"睡渣"标签。

在解决睡眠问题的过程中，家长需要学习培养儿童观察思维，形成基于儿童行为观察的养育决定，并观察养育决定对儿童的影响，继续调整下一步养育决定的行为模式，做到真正与孩子相遇！

问题 33　如何帮助幼儿独立睡眠?

儿童从 3 岁开始慢慢结束依恋期逐渐社会化,通过入读幼儿园,认识新朋友,学习新技能等一系列丰富的社会活动,逐渐具备了一定的自理能力,同时也发展出更高的自我意识和独立需求。与此同时,幼儿也会出现性别意识的萌芽。因此,当家长察觉到幼儿有上述表现时,可以尝试帮助他们开始分房独立睡眠。

一、睡前准备

(一)增强睡前仪式感

在要求幼儿进行分房独睡前,家长要给予他们充足的睡前陪伴,可以选择在幼儿的小房间进行,并尽量保持睡前活动的规则性,从而强化睡前仪式感,比如洗漱清洁、更换睡衣、聊天讲故事、给予晚安吻,等等,帮助幼儿更好地适应睡眠方式的改变。

(二)创建良好的睡眠环境

在幼儿能接受开始尝试分房独睡后,家长可以和孩子一起讨论如何布置自己的小房间。在过程中,让幼儿选择喜欢的颜色、图案、摆设,也可以在布置的过程中让他帮一些小忙,提高幼儿的参与感。

(三)适当使用安抚物

引导幼儿选择喜欢的玩具作为"陪睡小伙伴",可以缓解其刚开始分房独睡时的不安和孤独感,增加其安全感。

二、维持阶段

家长可以尝试通过循序渐进的方式减少在幼儿独睡过程中的参与。比如，最开始可以陪伴幼儿直至其入睡后再离开房间，慢慢过渡到完成睡前活动后跟幼儿告别，让他们自己单独入睡，再逐渐减少睡前小房间内讲故事的时间，甚至尝试在客厅告别，目送他们自己进入房间开始睡眠。在这个过程中，如果幼儿表现出对家长的需要，家长要积极、及时地回应，让他们感受到充分的安全感。

当然，家长要接纳幼儿尝试独立睡眠不成功的情况，要学会观察他们的情绪状态，安抚他们的恐惧、焦虑情绪，允许回到同房睡眠。如果评估幼儿有继续尝试单独睡眠的能力，也要在保证态度坚定的同时，温柔地回应、安抚他们的情绪，再引导他回自己的房间，鼓励他们继续尝试独睡。

三、巩固阶段

在幼儿第一次成功完成分房单独睡眠时，家长要及时、充分地肯定并表扬他们，可以通过言语夸奖、拥抱亲吻、赠送小奖品等多种方式表达鼓励，一方面再次加强幼儿对自己能完成分房独睡的成就感，另一方面也充分让他们感受到家长的爱并没有因为分房而减少，从而缓解睡眠方式变化过程中可能出现的孤独感。

总之，帮助幼儿建立独立睡眠是一个渐进性的过程，目的不仅仅是分房睡眠，而是在这个过程中帮助孩子培养独立意识，来面对生活中更加丰富的社会活动。因此，家长不能操之过急、抓错重点，要关注他们的情绪状态，及时作出回应并调整后续计划。

第五部分

幼儿的言语和语言问题

问题 **34**　2 岁幼儿还不会说话的原因有哪些？

按照正常语言发育规律，2 岁幼儿已经开始会说词语，可以回应简单问题了。如果孩子到了 2 岁还不会说话，其语言发育水平已落后于正常同龄儿童，家长切忌抱有"长大了就好""贵人语迟"的侥幸心理，必须提高警惕，及时处理孩子语言落后的问题。

那么，2 岁幼儿还不会说话，可能的原因有哪些？

一、遗传因素

研究发现，语言能力的发展与遗传因素有关。如果父母或其他家族成员在幼儿时期存在语言延迟发育的情况，其后代出现早期语言发育落后的概率会更大。

二、病理因素

（一）孤独症

孤独症患者对周围的环境和人关注少，许多患儿在 2 岁时仍难以发展出有意义的语言，其语言特点常表现为重复刻板的语言模式和语言交流意义少。例如，孩子能反复背诵听到的古诗、歌谣和广告语，却还不会叫"爸爸妈妈"。当家长要求孩子跟着说"爸爸妈妈""车车"等词语时，孩子往往金口难开，却在沉迷于操控玩具的过程中开始自言自语。

（二）智力发育障碍

智力低下是阻碍儿童语言发育的最常见因素。智力发育障碍儿童语言发育晚，语言发展速度缓慢，存在学习能力差、记忆力差和反应迟钝等特点。例如，患儿本来通过学习已掌握了一些知识，但经过一段时间后，学过的知识很快又忘得一干二净。

（三）听力障碍

听力障碍儿童由于听力损失的影响，缺乏对声音的学习和有效的语音环境，其语言能力会受到严重影响。

（四）言语器官异常

言语的产生有赖于言语器官的协调运动。当舌、软腭、唇和咽等部位发生异常时，各发音器官难以进行协调的整合运动，致使儿童无法正常发音。

三、环境因素

（一）缺少语言刺激

缺乏语言刺激会阻碍儿童语言能力的发展。许多父母与孩子的亲子互动时间短，对孩子缺乏有效的陪伴。同时，在隔代抚养的照护模式下，祖辈多关注孩子的吃喝拉撒，较少通过丰富的语言与孩子进行沟通交流。

（二）屏幕暴露过度

视觉刺激强烈的电子设备对儿童有天然的吸引力。屏幕暴露过度会降低孩子的沟通欲望，削弱孩子对语言刺激的兴趣，进而影响语言能力的发展。

（三）语言环境复杂

复杂的语言环境会对儿童语言的发育造成不利影响。例如，爷爷奶奶在家里说方言，爸爸说普通话，妈妈说英语，家庭成员之间"各说各话"，容易使处于语言模仿阶段的孩子感到困惑，从而增加孩子建立统一语言概念的困难。

综上所述，儿童语言发育是遗传因素、病理因素和环境因素综合作用的结果。如果2岁幼儿还不会说话，家长需提高警惕，仔细辨别孩子的情况，及时寻求专业人员的指导并积极处理孩子语言落后的问题。

问题 35 为什么 3 岁幼儿说话时不看着你？

人们在进行语言交流时，可以通过表情和肢体动作的变化来捕捉社交信息，进而调整自身，达成双向沟通互动。如果 3 岁幼儿说话时不看着你，他将无法觉察许多重要的社交信息，阻碍双向沟通互动能力的发展，这会严重影响幼儿社会交往能力的发展，是家长们不容忽视的问题。

那么，3 岁幼儿说话时不看着你，可能的原因有哪些呢？

一、孤独症

孤独症是一种神经发育障碍性疾病，其主要表现为社会交往缺陷和重复刻板的兴趣、活动。虽然部分孤独症儿童在 3 岁时可以开口说话，但因其沟通动机差和交流态度不良等问题，他们无法很好地运用语言对着别人说话。例如，不会用语言回应别人的问题和表达自己的需求等，其语言特点常表现为重复刻板的语言模式和语言交流意义少。

例如，幼儿已经可以流利地背很多古诗，唱听过的歌谣了，可是却不会对着人说话。当别人问"你叫什么名字""你想要什么"等问题时，幼儿仿佛没有听到似的，经常不予理睬。反复要求他回答时，他也只是刻板重复别人的问题，无法根据别人说的话做出相应的回答。

二、选择性缄默症

选择性缄默症是一种常见于儿童期的社交情绪障碍。这类幼儿在家里时，与家人交流毫无障碍，甚至口齿伶俐、滔滔不绝，但在其他的社交场合，则沉默不语，完全拒绝对人说话，当众表现不自然，甚至有回避眼神交流和肢体接触的情况。

三、创伤后应激障碍

创伤后应激障碍是指个体经历突发性、威胁性或灾难性生活事件之后延迟出现和长期持续存在的精神障碍。幼儿在亲身经历了交通事故、躯体虐待、医疗创伤、自然灾害、战争和恐怖暴力等事件后，可能会出现创伤后应激障碍，出现发展退化的表现，如认知和语言交流能力的改变。因此，幼儿在创伤事件后，丧失已具备的语言交流能力，不对着人说话，可能是创伤后应激障碍的表现之一。

综上所述，3岁幼儿说话时不看着你，可能是某些疾病的预警信号。家长们需提高警惕，加强对孩子躯体和心理行为发育的关注，及时处理孩子的发育问题，保障孩子的身心健康全面发展。

问题 36　3 岁幼儿经常自言自语正常吗？

在日常生活中，我们常常可以看到这样的现象，3 岁幼儿经常自己一边玩一边嘴巴不停地说话，或经常自问自答。有些家长感到担忧和焦虑，孩子一直嘀嘀咕咕地自言自语到底是怎么回事？

其实，幼儿自言自语并不是坏事，这是他的语言从外显到内化过程的一个必经阶段。

语言活动有两种形式，除了我们平时常说的口头语言和书面语言这类外部语言外，还有用来思考的内部语言。内部语言是语言发展的高级形式，是思维的载体，具有自我调节的功能，一般在幼儿晚期萌芽，发展缓慢，包括出声思维阶段、过渡阶段和无声思维阶段。

当一个成人在安排工作时，他可以心里默念"起床之后去公司先打印文件，然后再去找老板汇报工作"，还能在心里练习汇报的流程，推测老板可能会问到的问题，然后想象自己该怎么回答。这一系列心理活动都在脑海中用内部语言完成，不需要说出来。这就是内部语言的无声思维，也是一个人语言发展到一定程度后具备的能力。但是，因为幼儿神经发育还不完善，语言发育还不成熟，不具备抽象逻辑思维，所以幼儿无法从内部进行思考，只能通过出声的语言来表达思维的过程和结果。因此，幼儿自言自语是内部语言出声思维阶段的重要体现，是有声的思维，通过他的自言自语我们就能了解他的整个心理活动和思考的过程。

幼儿自言自语主要有两种表现形式：游戏语言和问题语言。

游戏语言就是一面做动作一面用语言描述，一般比较详细、完整，具有陈述性和情感表达力。如当幼儿在玩积木时，他会一边玩一边说，"城堡高高的，屋顶是黄色的，把它围一圈，这是大门，这里放一棵树，这里搭一座桥，还有个人在桥上，哇，完成啦"。

问题语言则是幼儿在生活中遇到问题或困难时所产生的语言，常常用来表示困惑、怀疑或惊奇，以及用来寻求解决问题的办法。一般比较简短。如当孩子一边收拾玩具一边说，"还有一个球呢？在这里。怎么盖不上？把这个拿出来"。

因此，幼儿自言自语可以规范自己的行为，起到自我指导、自我调节的作用。

据发展心理学大师皮亚杰的理论，3岁以前乃至3岁，自言自语占全部言语的四分之三，然后逐渐减少，7岁以后随着抽象逻辑思维和独立思考能力的提高慢慢消失。因此，若孩子8～9岁还在自言自语，则需要引起重视。

此外，还有一种情况需要提高警惕。当孩子的自言自语不符合当下情境，且孩子存在社交功能方面的问题或伴随其他异常行为表现时，需及时寻求医生诊治。

总的来说，自言自语是幼儿心理活动的重要组成部分，是学习语言过程中出现的正常现象，家长可以通过幼儿的自言自语去观察他们，了解他们，并在他们遇到困难时加以引导，不应打断或批评。

问题 37 幼儿"鹦鹉学舌"时间过长正常吗？

在早期语言习得的初期，幼儿习得语言很大程度上都来源于对大人动作及言语的模仿，这个阶段，幼儿会经常"鹦鹉学舌"式地重复模仿大人说的话语，重复听到的声音，并尝试模仿大人的语音、语调和口部动作，并在模仿中不断强化对语言的习得。这都是常见的语言发展现象，通常出现在幼儿开始学习说话的阶段，它代表着儿童愿意通过模仿大人的语言逐渐开口了，是有积极的意义的。

一般而言，幼儿"鹦鹉学舌"的持续时间长短因人而异，但如果孩子长时间、不分场景地"鹦鹉学舌"，这种情况可能需要引起注意。这可能表示孩子还无法理解对话的情境和意义，只是机械地模仿大人的语言。幼儿"鹦鹉学舌"，家长应该怎么做？

一、区分幼儿"鹦鹉学舌"是否有沟通功能

幼儿"鹦鹉学舌"一般有以下两种情况：有的是不合时宜地、机械性地重复一些无意义的语句，这更多是幼儿口头上的自我刺激，面对这类情况，家长应通过转移注意力的方法让幼儿减少无意义的"鹦鹉学舌"；还有的是由于语言发展的局限性，如因词汇量有限而容易出现词不达意的情况，这时幼儿可能会通过重复性地说一些词句而达到沟通的意图，例如，幼儿想要吃苹果，但尚未掌握"苹果"这个词的完整发音，就可能会重复性地说"果、果、果"从而表达这个需求。这时家长可以示范地帮幼儿说出"苹果"或"想要吃苹果"之类的语句，以帮幼儿适时地进行语言拓展。

二、提高幼儿的语言理解能力

大部分"鹦鹉学舌"是由于幼儿认知能力不足，没有掌握足够的词汇量及语言理解能力。例如：妈妈问孩子"你早上吃了什么呀"，孩子重复地说"早上吃了什么呀"，这时有可能是孩子还不能理解"早上"的概念，甚至不能理解整句话的意思，所以提高幼儿的语言理解能力是根本。

三、改善与幼儿的沟通方式

在与幼儿沟通时，尽量使用幼儿目前能理解的语言，多使用简明且结构性强的语句。如果幼儿尚不能很好理解开放式的问句，则可以给幼儿使用选择性的疑问句；同时也可通过情景式的对话示范帮助幼儿更好地理解，例如：妈妈发现孩子想要玩车车，问孩子"你要车车吗"，如果孩子还不能回答，妈妈就可以先给孩子示范"我要车车"，再将车车给孩子。

问题 38 "问题宝宝"有问题吗?

许多家长反映,幼儿 3 岁以后,化身为"问题宝宝",总是问个不停。这常常让宝爸宝妈们哭笑不得。那么,"问题宝宝"是个问题吗?

一、不同类型的"问题宝宝"

(一)"只管重复提问,不论问题结果"类型

幼儿表现为不停地问同样的问题,当得到回复后仍然喋喋不休、反复提问,似乎他并不在意能否得到有意义的回答,而仅仅是沉迷于重复提问题的过程中。

(二)"十万个为什么,我都想知道"类型

"为什么小鸟会飞""为什么起床要刷牙",等等问题都是幼儿感兴趣的。此类型的"问题宝宝"虽然提的问题千奇百怪,但会根据接触到的事物、做过的事情和当下的情境向别人提出问题,也能尝试聆听别人的回答,甚至会根据得到的回应继续提出相关问题,颇有一种"打破砂锅问到底"的架势。

二、对于不同类型的"问题宝宝",家长的应对策略

(一)警惕发育障碍,寻求专业人员的指导

重复性语言是许多孤独症患儿的症状之一,主要表现为刻板重复的语言模式,常伴有答非所问、自言自语和鹦鹉学舌等现象。此外,强迫症患儿也可能出现不停问问题的强迫行为,常伴有其他的强迫仪式,如反复洗手、检查门窗等。

对于此类型的"问题宝宝",家长应提高警惕,并及时寻求专业人士的指导,针对孩子的具体情况进行干预和治疗。

（二）呵护童真，充分满足孩子的好奇心

幼儿期是孩子认知能力飞速发展的重要时期，幼儿可以通过别人的反馈和描述来构建自己对世界的认知，而问题恰恰是他们主动探索外界信息的积极信号。因此，当排除了异常的发育行为问题后，"问题宝宝"问个不停便不再是问题。那么，家长可以怎样回应"问题宝宝"的提问呢？

1. 耐心倾听，帮助表达。幼儿期孩子精力旺盛，对各种事物充满了好奇心，可能会提出许多匪夷所思的问题。这时候，如果家长表现出不耐烦的样子，会降低孩子探索外部世界的动力，不利于他们认知水平和理解能力的发展。当孩子无法清楚地表述问题时，家长应耐心倾听孩子的提问，帮助孩子梳理逻辑，并用简明的语言表达出来。

2. 适当反问，引导思考。在幼儿提出问题时，家长可以并不直接告知其答案，而是根据幼儿的提问向其抛出新的问题，引导幼儿对自己提出的问题进行思考。比如，当孩子问"为什么小鸟会飞"，这时家长可以不直接告知答案，而是反问孩子"你想一想，小鸟身上有什么"，进而继续引起多回合的问答。

3. 实事求是，积极探索。幼儿的提问五花八门，家长不一定都能通过自己已有的知识做出准确的解释。这时，家长千万不要不懂装懂、糊弄孩子，而应该实事求是地告知孩子自己的困惑，并引导他们积极地探索问题。例如，家长可以带领孩子通过网络搜索、翻阅书籍和切身体验等途径探索答案。

问题 39　幼儿说话吐字不清要矫正吗？

　　如果孩子说话不清楚，老是出现把"哥哥"说成"哒哒"，把"飞机"说成"杯机"，把"裤子"说成"兔子"，等等吐字不清的情况，那么家长该注意了，您的孩子很大概率是儿童功能性构音障碍。

　　儿童功能性构音障碍是指患儿的构音器官无形态异常和运动机能异常，智力和听力在正常范围内，语言发育已达4岁以上水平，但仍存在固定化的构音异常现象。

一、孩子讲话为什么吐字不清

　　儿童功能性构音障碍是最常见的语音障碍，目前儿童功能性构音障碍的病因尚未明确，可能与以下几个方面有关：

　　1. 遗传因素，如果家族成员中有吐字不清的现象，孩子出现构音障碍的概率会增加。

　　2. 听觉辨别，存在语音的听觉接受、辨别能力异常的孩子更容易患有构音障碍。

　　3. 神经发育，在发育期存在语言发育迟缓或认知发育迟缓的孩子更容易患有构音障碍。

　　4. 饮食习惯，如果在饮食方面常以汤饭或细软食物为主，容易导致口腔运动技能及协调运动长期较弱，进而造成构音障碍。

　　5. 语言背景，家庭中使用方言种类过多可能会增加患有构音障碍的风险。

二、孩子讲话吐字不清怎么办

（一）锻炼口肌

1. 锻炼下颌的方法：可以使用T字咬胶来锻炼孩子的连续咬合能力；也

可以让孩子连续张嘴发 /a/ 音，维持一段时间（如 10 秒），练习孩子的开口维持运动，提高下颌稳定性。

2. 锻炼嘴唇的方法：对于合唇力量较差的孩子，可以用压舌板或浅勺子蘸酸奶，让孩子用双唇抿食，注意不可以用牙齿咬住；对于合唇稍好的孩子，家长可以将压舌板置于孩子双唇间，需要孩子用嘴唇抿住并维持压舌板不掉落。

3. 锻炼舌头的方法：家长可以将棒棒糖放在孩子嘴巴前方，引导孩子用舌头舔食棒棒糖，注意不可以让孩子抬头或低头代偿带动舌头运动，等孩子能完成伸舌后，将棒棒糖左右移动，让孩子用舌头跟随棒棒糖移动。

（二）增强呼吸协调能力

呼吸是发音的基础。家长可以通过吹气球、泡泡、笛子和乒乓球等方法提高孩子的呼吸协调能力，也可以多带孩子去户外运动，提高肺活量。

（三）改善饮食方式

建议从孩子半岁起合理增加辅食，最晚 1 岁半停止使用奶瓶并完全过渡到用杯子喝水；同时日常饮食中逐渐给孩子增加食物多样性及硬度等，提高孩子咀嚼能力；也可以用细吸管让孩子喝浓稠的酸奶，提高孩子吮吸和舌后缩能力。

（四）营造轻松、良好的交流氛围

在交流过程中，家长可以有意识地示范正确发音，尝试将发音加重，放慢语速；也可以蹲下来与孩子面对面，让孩子更清楚地看到发音嘴型。同时，家长可以多鼓励孩子用语言表达自己的需求。

问题 40 幼儿说话结巴正常吗？

"我我我……要吃蛋蛋蛋……糕""我要去那个那个那个公园""我嗯喜欢吃嗯呃吃香蕉……"，如果您的孩子说话也会类似这样结结巴巴、拖长音节的话，可要注意了，您的孩子很有可能患有发育性口吃。

"结巴"实际上属于发育性口吃，是一种开始于儿童时期的言语流畅性障碍，主要以字或音重复、拖长、停顿的语言节奏紊乱为特征，有些孩子还会伴随不自然的动作或表情，如耸肩、皱眉和眨眼等。发育性口吃发病年龄一般在2～5岁，通常男童比女童受影响更大。约5%的儿童会受到影响，大多可自发缓解，但另一部分儿童则会将口吃延续到成年。当出现口吃时，口吃者容易表现出行为、情感和社会发展方面的障碍。

一、引起发育性口吃的相关因素

（一）后天习得因素

如果孩子身边正好有口吃的人，那么孩子出现口吃的概率就会增大，大部分孩子会通过模仿口吃者说话导致出现口吃现象。

（二）发展因素

幼儿处于语言高速发展的阶段，可能会因为发音不够成熟、掌握的词汇有限、言语发展不均衡，导致出现言语不流畅的情况。

（三）环境因素

幼儿时期经受惊吓、环境的刺激（如父母争吵）、压力等都容易导致口吃。

（四）心理因素

幼儿在紧张、焦虑、兴奋、愤怒等情况下都容易出现口吃，往往越紧张越容易出现口吃，出现口吃时又容易紧张，进而形成恶性循环。

二、家长干预措施

（一）摆正对口吃的态度

跟孩子谈话的过程中，家长需要摆正对口吃的态度，可以更多地关注谈话内容而非方式，尝试忽略孩子口吃的问题；同时也要合理尊重孩子的表达需求，给予孩子足够的心理支持。

（二）用心倾听

跟孩子相处的过程中，减少对孩子的发号施令，注意认真聆听，给孩子充足的时间说话，不要急于打断孩子说话，也不要刻意使用"放轻松"或"想好再说"类似的话语来提醒孩子。此外，还可以多尝试体会孩子说话时的情感感受，及时给予孩子相应的回应。

（三）减慢语速

当孩子语速较快或处于比较兴奋的状态时，很容易会出现发音与呼吸的不协调，口吃症状也会更频繁。所以，在跟孩子相处时要注意言语习惯，家长可以减慢说话的语速，恰当地结合肢体语言进行表达，言传身教，让孩子学习适当的语速。

（四）减少对孩子的提问

孩子在回答问题时更容易产生压力感，提问的形式往往很容易把孩子卡住。家长在跟孩子交流时可以采用平行对话的方式，也可以多使用简短的陈述句。如果需要问问题，可以问简单一点的问题，避免问复杂的问题，当然也可以将开放性的提问转换为选择性的问句，这样孩子就更容易回答，减少口吃的现象。此外，也可以一次问一个问题，充分给予孩子时间来回答。

问题 ㊶ 为什么幼儿刚进幼儿园就说脏话？

　　幼儿在上幼儿园前从来不说脏话，但上幼儿园后，总喜欢把"屎尿屁"挂在嘴边，甚至在日常的聊天中高频率地使用"老巫婆""大蠢蛋"等带有辱骂性质的不文明词汇，这让很多家长和老师们都头疼不已。

　　那么，造成这种现象的原因有哪些呢？

一、幼儿园幼儿说脏话的原因

（一）追求新鲜感

　　刚进入幼儿园的幼儿说脏话，很多时候是受到了新鲜感的驱使。幼儿刚进入幼儿园，生活交往圈和接触的事物迅速扩大，一切事物对他们来说都是新鲜的，在家里从没有听过的脏话也是新鲜的。

（二）模仿从众，寻求群体认同感

　　群体认同是指群体成员将群体的目标和行为规范作为自己追求的目标和行为标准。刚进入幼儿园的幼儿在加入人生的第一个群体后，也有了寻求群体认同感的需求，再加上幼儿本身缺乏判断力，很容易产生从众模仿的行为。

（三）获得他人的关注

　　如果成人在日常生活中忽视了幼儿的情感需求，会导致幼儿通过其他的方式来获取关注。幼儿在自身有限的经验中会发现，恶劣的行为是获取成人注意力的简单而有效的方法，例如撒泼打滚、扔东西、打人等。那么，当幼儿进入幼儿园，习得说脏话这一技能之后，说脏话自然也成为他吸引别人关注的简便方式之一。

二、帮助孩子改掉说脏话的方法

（一）正向引导，教导文明用语

有些场景下，幼儿说脏话只是出于新鲜好玩的心理，他们并不知道这个脏话背后代表的含义。如当幼儿说"牛 × 啊"，家长和老师应该告诉他"牛 × 啊"是一个很不文明的词语，可以用"好厉害啊""太棒了"这样的文明语言来代替，从而在不同的情境中学习语言的正确使用方式。

（二）树立良好的榜样

刚进入幼儿园的幼儿缺乏判断力，容易受群体环境的影响而习得说脏话的不良行为。老师和家长作为这个群体的核心人物，在幼儿的心中具有天然的权威性和话语权。老师和家长应言传身教，尤其在幼儿面前，不说脏话，不做坏榜样。家校合作，共同净化幼儿的语言环境，从源头上杜绝幼儿说脏话的行为。

（三）满足幼儿被关注的需求

当幼儿的情感需求没有得到满足时，常会通过不良行为获取成人的关注，成人又经常因这些问题行为而给予幼儿关注，进一步强化了幼儿的问题行为。因此，当幼儿故意说脏话时，家长和老师可以淡化处理，不理睬、不关注，忽略他说脏话的行为。久而久之，幼儿无法通过说脏话来获得关注，加之语言环境的改善，他所学到的脏话会因得不到强化而逐渐淡忘。此外，要及时关注幼儿的情感需求，增加亲子有效陪伴的时间，建立良好的亲子关系，给予幼儿足够的关注和安全感。

问题 42　早期进行双语教育有好处吗？

双语教育是在养育孩子的过程中常常会被提到的热门话题，近年来社会上的双语教育开展得如火如荼，各类英语兴趣班、外教学习班、国际幼儿园或小学等蓬勃发展。随着儿童早期教育重要性越来越被认同和接受，双语教育受到了很多家长的关注和追捧。

但是，越早进行双语教育越好吗？

一、早期进行双语教育的好处

新生儿普遍具备对音节数量、音高模式和韵律结构的感知能力，他们不仅可以区辨母语语音，还能区辨从未接触过的非母语语音，一岁后，这种感知能力慢慢减弱，到了成人时期则会消失。在幼儿期进行双语教育，让幼儿学习第二语言事半功倍，且大多数幼儿可以掌握地道口音。此外，当儿童处在幼儿期时，模仿能力强，对任何事物都具有好奇心，他们更愿意接受新的东西，且自我意识发展不成熟，在学习第二语言时没有心理负担，不怕开口和失误。

二、早期进行双语教育的弊端

早期进行双语教育也存在弊端。

一方面，出现语言迁移的影响。在我们成长和学习的过程中，我们用母语来认识世界、交流和思考，无论是认知的建立，还是思维的方方面面都充斥着母语的痕迹。第二语言的学习也普遍受到母语的影响，母语中与第二语言相似的地方促进第二语言的学习，母语中与第二语言有差异的地方则产生阻力和障碍，差异越大，阻碍越大，这种现象称为"迁移"。

　　另一方面，影响母语的发展。语言的习得与认知发展息息相关，过早进行双语教育，第二语言的学习时间增多，导致母语学习时间减少，母语得不到更好的发展，可能会出现词不达意或表达混乱的现象，或在进行更深度的认知、思考时出现困难。中国科学院院士杨雄里教授曾在其报告中说过："过早地让孩子学习外语，可能会影响孩子正常思维的发展。当他们在运用母语思考问题的时候，可能会受到外语的干扰，容易产生思维和语言表达上的混乱。"过早提供双语环境，易使儿童出现语言上的冲突，对于每种语言的学习都不利，既会影响其认知能力发展，又不利于外语水平的提高。

　　因此，早期进行双语教育有利有弊，家长可谨慎选择。母语是一个人的精神家园，既奠定我们的文化根基，又构筑我们的身份认同感，更是深度思考的工具。每个儿童都是独立而特别的个体，语言发育和潜力各不相同，若家长选择早期进行双语教育，需持续关注儿童母语的发展情况，切勿因过多重视外语的教育而影响母语的习得。

问题 43 怎样为幼儿塑造良好的语言环境？

幼儿时期是儿童语言发育的黄金时期，语言发育对儿童的认知、沟通、社交和早期学习能力都有着重要影响。良好的语言环境可以促进孩子的语言发展。

那么，应该怎样为孩子塑造良好的语言环境呢？

一、调整说话方式

家长在与孩子互动时尽量采取面对面的姿势，让孩子可以看到家长的表情、眼神及口型，可以多使用一些"妈妈语"，使用夸张的表情和语调，放慢语速，尽可能地用简短语言。同时，也可以积极地为孩子提供非语言线索，比如一些特定的手势和表情等。

二、给予积极的回应

家长应在养育孩子的过程中识别并作出及时有效的回应，家长可以像"话痨"一样给幼儿提供丰富的语言刺激，向幼儿描述他正在经历的事情，如穿衣、洗澡、换尿不湿等，同时有丰富的表情、动作，让孩子爱上与家长互动。孩子发出声音以后，要加以引导。例如，6个月左右的时候，孩子发出"ba"的声音，虽然是无意识地发音，但也可以多跟孩子说，"对，这是爸爸"，如此一来，可以帮助孩子理解语言，建立声音与具体含义之间的联系。

在孩子有所表达时认真听、看，并帮助他表达。例如幼儿看着玩具球时，我们可以拿起来球说"这是球球，一起玩球球吧"等简单重复的语言，逐渐让孩子把"球"这个声音和物体联系起来。大一些的孩子，想要喝水或者吃东西的时候，家长要引导孩子说出来之后再给予满足。

三、增加亲子共读时刻

亲子陪伴中要控制电子产品的使用时间，增加亲子共读的时间，一方面能增加亲子之间的感情，另一方面还可以帮助孩子学习绘本里的好习惯，更加有助于孩子学习发音。比如绘本中说到"小兔子牙齿疼"，可以趁机问孩子"小兔子牙齿为什么疼啊"。这样做一方面可以引导孩子说出更多的词语，一方面让孩子知道不注意牙齿护理，牙齿里边是会"长虫子"的。

四、巧用玩游戏的方式

游戏是孩子的天性，家长可以将学习说话跟游戏结合在一起，帮助他们更好地认识世界，学习更多必备的技能。比如让孩子模仿你说话，你说"狗狗"，让孩子也跟着说，如果家里有小狗的玩具或者卡片，当孩子说出"狗狗"时，你就可以把狗狗拿给他或者让他自己找哪个是狗狗。

五、创造与同龄孩子互动交流的机会

邀请熟悉的小朋友来家里做客，带孩子去公园和其他孩子一起做游戏等，一方面可以促进宝贝模仿能力、语言能力的发展，另一方面也会慢慢培养孩子的社会交往能力。

问题 44 幼儿在家话多，在外不肯开口是问题吗？

两岁半的蓓蓓在家说很多话，但是一旦在外面，不管是参加亲子活动，还是跟妈妈的朋友们聚会，或者是在小区里玩，都不爱说话，不管别人如何问话或逗她，她都不开口。蓓蓓妈妈觉得挺尴尬的，每次教她说也好，要求她说也好，她就是把小嘴巴闭得紧紧的。

一、幼儿在家话多，在外面不肯开口的原因

（一）害羞怯懦

有的幼儿天生就是比较害羞文静的性格，不像有的小朋友那样天生"自来熟"，所以他们会比较慢热，容易胆怯，面对不熟悉的人或不熟悉的环境时会变得更小心和谨慎，不能勇敢地表达自己。

（二）缺乏安全感

有的幼儿可能很少外出，大多数时候都待在家里，只限于和有限的几个家庭成员互动，很少和别人接触。这样，在孩子成长的过程中，由于与外界接触得少，导致孩子对陌生人和陌生环境产生畏惧，没有安全感。同时，由于缺少与他人交往的经验，孩子根本不知道该如何与他人交往，面对他人时容易不知所措。

（三）缺乏自信

有的幼儿是因为缺乏自信，担心自己表现得不好，别人会笑话自己，所以不敢说话。在家里不管自己怎么说，说得好不好，父母都不会嫌弃或笑话自己，但是在外面，由于对他人有防备，担心受到耻笑，因而不敢开口。

二、家长的应对方法

（一）不强迫孩子开口

不能因为孩子在外面不肯开口，家长丢了面子，而强迫孩子开口。随着孩子慢慢长大，开始有自己的意识和主见，当他因害羞、对陌生人或陌生环境产生抗拒而不愿意开口时，我们要理解他的感受，适当地顺其自然，不过于责备和为难孩子。

（二）多带孩子参加户外活动

在孩子的成长过程中，多带孩子体验不同的活动，积累生活经验。如带孩子参加亲子活动，或在小区里让孩子参与同伴间的游戏，或带孩子参加体育锻炼等，扩大孩子的生活圈，鼓励孩子多与人互动交流，提升孩子对环境的适应能力和与人交往的能力。

（三）培养孩子的自信心

父母要善于发现孩子的优点，平常生活中多表扬孩子做得好的地方，同时，可以安排一些孩子力所能及的任务让他完成，如晾衣服时帮忙拿夹子，收拾房间时帮忙把书放好，逛超市时帮忙拿购物袋等，并及时地表扬和肯定，让孩子体会到成功的喜悦，积累成功的体验，树立自信心。

第六部分

幼儿的行为和
情绪问题

问题 45 幼儿为什么害怕陌生人？

一般来说，幼儿2～3个月大的时候，见人就笑，任何人去抱他都不会拒绝，而到了4～5个月大的时候，幼儿逐渐开始对世界有了更多的认识，这个时候再抱，幼儿就会产生恐惧心理，甚至会躲闪、拒绝。这就是常见的对陌生人的恐惧，即怯生。

幼儿为什么害怕陌生人呢？

原因很简单，随着年龄的不断增长，幼儿的自我认知和活动范围逐渐扩大，会自然地对陌生人或新奇环境产生一种自我保护意识和恐惧心理，这是由人的心理发展特点决定的。

一、幼儿害怕陌生人的原因

（一）幼儿自身的气质使然

面对陌生人，有的幼儿会突然变得紧张甚至躲在家长身后，有的幼儿反而会主动与陌生人互动。之所以表现不同，是因为每个幼儿的气质不同，即幼儿与生俱来的独特而相对稳定的心理特征不一样。比如，性格内向比外向的幼儿更容易对陌生人产生害怕的情绪反应。

（二）幼儿长期处在单一的成长环境

如果幼儿一直在熟悉的环境生活，很少接触到除家人以外的人，那么幼儿就会缺少学习适应与陌生人交往的过程。当遇到陌生人时，幼儿就会暴露出胆怯的心理，更愿意躲起来寻求家长的庇护，这样会使幼儿越来越害怕陌生人。

（三）不正确的家庭教育方式

很多家长带幼儿外出时，会强迫或要求幼儿与陌生人打招呼，这样容易使幼儿产生抗拒和恐惧的心理，并逐渐变成一种情绪或情景记忆，以后每次遇到陌生人就会诱发该情绪，使他越来越不愿意与陌生人交往。

二、如何缓解幼儿害怕陌生人的心理？

（一）加强与幼儿的社交互动

家长可以多与幼儿进行社交游戏，如假装打电话、假装病人去看医生、假装乘坐公交车等假想游戏。在游戏的过程中，既能帮助幼儿克服对未知事物的恐惧，又可以让幼儿了解不同职业、不同人物和不同的行为习惯，获得类似真实的社交体验，从而减少生活中面对陌生人的恐惧心理。

（二）为幼儿提供丰富的成长环境

家庭不是幼儿唯一的成长环境，家长要常带幼儿接触新的环境和新的人，帮助幼儿适应陌生环境，增加与陌生人的交流，促进幼儿社交能力的发展，久而久之，幼儿便不会那么害怕陌生人了。

（三）选择正确的教育方式

除书面教育外，家长还要树立起良好的榜样，给幼儿示范正确的社交技巧和方法，可适当地带幼儿参与到自己的社交环境中，让幼儿观察自己如何与陌生人交往，用自己对他人的态度影响幼儿，使幼儿切身体会到和陌生人交往也是件轻松、愉快的事。

其实，幼儿害怕陌生人并不一定是一件"坏事"，毕竟，连大人都会有"社交恐惧"，更何况幼儿呢？家长应该做的就是时刻关注幼儿的心理，帮助幼儿建立健全的人际关系。

问题 46　幼儿过分专注于某个玩具是问题吗？

很多家长都希望幼儿做事情能够变得认真专注，他们认为越是在某件事上专心致志，就越容易学得更好更深。于是，有些家长开始让幼儿专注于某样玩具，试图提高他们的专注力。

值得注意的是，任何事物都有一个平衡度，一旦无法达到平衡点，就不会达到理想的目的和效果。因此，如果家长放任幼儿过分专注于某个玩具，甚至到了痴迷的程度，可能会出现以下问题。

一、限制幼儿兴趣和技能的发展

如果家长让幼儿过早地沉迷于特定的玩具或固定的活动，将大大减少幼儿接触和探索新事物的机会，不利于幼儿兴趣爱好和各项技能的发展。例如，如果幼儿每天只固定地玩火车游戏，就会失去接触其他类型游戏或活动的机会，导致幼儿对其他玩具或活动的好奇心日益降低，这会限制幼儿兴趣的发展，进而影响幼儿学习技能的提高。

二、影响幼儿社会性的发展

幼儿社会性是指其出生后获得适应社会生活所必需品质的过程，是儿童心理性行为发展的一个非常重要的方面。幼儿在与同伴和成人的友好交往中，可以培养良好的社会交往能力，促进自身社会性的发展，从而更好地适应社会生活。因此，如果幼儿过分沉迷于固定的玩具，而忽略了与其他人进行沟通交流，他们将很难学会对话、分享、轮流、合作、共情和处理冲突等重要的社交技能，同时丧失了与他人建立联结的愉悦感。

三、降低幼儿的警觉性

当幼儿过度专注于某个玩具时，他会忽视周围环境中的其他事物，警觉性下降。例如，在过马路时，家长经常会提醒幼儿要注意停下来看车，就是提醒幼儿要警觉起来。因为在过马路时，幼儿很可能只专注于手中的玩具，警觉性下降，而关注不到车来车往的危险。因此，家长应该引导并提醒幼儿，不要沉浸在某个玩具活动中，要分场合分情况地玩玩具，以免遭受到不必要的安全风险。

由此看来，家长在让幼儿通过玩某样玩具的方式来培养幼儿的专注力时，要适当把握好时间和场合，避免幼儿因过分沉迷而限制兴趣发展，影响社交技能培养，导致警觉性降低等问题的发生。

问题 47 广告为什么这么吸引幼儿？

　　相信很多家长都发现了幼儿的这一表现：当电视上播放节奏明快的广告时，无论幼儿在做什么，都会抬头去看电视，直到广告播放结束。对于幼儿来说，广告似乎有着很大的吸引力。

　　为什么广告这么吸引幼儿呢？

　　我们可以进一步从内部原因和外部原因两个方面来解释这个问题。

一、内部原因

（一）幼儿正处于视觉发展阶段

　　"眼睛是心灵的窗户。"视觉是人最重要的感觉功能之一，是其他感觉的基础。0～3岁是幼儿视力系统发育的关键时期，幼儿逐渐从喜欢看人发展到喜欢看颜色鲜艳的东西，并对活动的事物产生好奇，目光也会追随移动的物体。再到后来，幼儿就喜欢看电子设备，因为里面的画面不停变换，还有较强的光线，对幼儿有着强烈的吸引力。

（二）幼儿正处于听觉敏感期

　　当幼儿处于听觉敏感期时，相比于声音平淡的电视剧，广告中欢快的音乐很容易吸引幼儿的注意。渐渐地幼儿便喜欢上了听广告节目，大一点的幼儿还会模仿着说出或唱出所听到的广告词。

二、外部原因

（一）广告的声音较大

　　大多数电视节目都是人与人的对话交流，声音较小，而广告的声音都较大，使用的是有节奏、有旋律和有调式的音乐。儿童对这种声音几乎不可抗拒，注意力很容易被吸引过来。

（二）广告的内容丰富但简单易懂

幼儿平时在家里看到最多的是固定的物体，而广告由于色彩鲜艳、画面丰富、形式和内容多变等特点，自然会激发幼儿的好奇心和探索的欲望。同时，广告词简单易懂，很容易被幼儿理解和模仿。

幼儿喜欢看广告是一种正常现象，但是婴幼儿的眼睛正处于发育期，眼角膜、晶体及视网膜还没有完全发育成熟，广告时强时弱的亮度和变化迅速的图像对于幼儿的视力是有伤害力的，影响着幼儿视力及视觉发育。因此，家长要适当地控制幼儿看电子设备的时间，如果幼儿喜欢看广告，家长可以筛选一些有正确价值观的广告供幼儿观看。如果幼儿对广告痴迷的话，应想办法转移其注意力，避免太长时间盯着电子设备，每次保持在 20 分钟左右，以减轻眼睛的负担。

问题 48 幼儿得不到满足就发脾气，要无限满足吗？

幼儿在 1 岁后，自我意识逐渐萌芽，开始有自己的主意，不再是那个对家长言听计从的小宝宝，同时，随着孩子活动能力的增强，会表现出各种不同的问题，比如和小朋友一起玩时，看到别的小朋友手里的玩具，二话不说就抢，甚至是咬人、打人，得不到满足后就大哭大闹，稍有不如意就大发脾气。

面对幼儿得不到满足就发脾气的情况，家长到底应该怎么做才能更好地帮助幼儿呢？

一、制定规则

无规矩不成方圆，规则不是对幼儿的限制，是对幼儿行为的保护。外出时要告诉幼儿，别人的东西不经允许不能拿，尤其是比较调皮的幼儿，经常会无意识地侵犯到其他小朋友的领地，这时也请一遍遍地告诉幼儿，这是其他小朋友的东西，只有其他小朋友同意了你才能拿。

二、坚定立场

要让幼儿知道不可以就是真的不可以，不能因为孩子的哭闹而妥协，做到真正接纳孩子的情绪。下面是一位妈妈应对孩子哭闹的例子：

君君有一辆非常喜欢的小汽车，不小心在游乐园玩丢了，回到家，君君就哭闹着说，"我就要我的车！现在要！必须要！如果找不到我就不吃饭，我今天就不睡觉"。但是妈妈在尝试找过之后，发现这个玩具最终是找不回来了。面对君君的问题，妈妈告诉君君，"玩具丢了，你非常伤心，现在很难找到这个玩具，我们都努力去找过，但是没有成功"。

可以看到，这个妈妈并没有妥协，也没有说"不要哭了，明天妈妈给你买更多的玩具"。是的，面对孩子的无理要求，如果家长劝说无果，又不能坚持，孩子一哭就妥协，那么孩子就会不断地用哭闹来试探家长的底线，周而复始对孩子的性格会造成影响。

你现在心里难过，妈妈知道了

三、以身作则

父母是孩子的第一任老师，因为孩子最初是通过模仿来学习的，比如一些父母自己本身就缺乏耐心，在家里频繁吵架、打架、说脏话和摔东西，不得不承认有些孩子发脾气的行为可能是从父母身上"学"来的。因此，家长以身作责尤为重要。

首先，家长需要完善自身，改变脾气，让自己变得平和。当家长平和了，面对发脾气的孩子，才能控制好自己的情绪，能够站在孩子的立场，跟孩子一起分析和解决问题，引导孩子做好情绪调节。

其次，在日常生活中家长要抓住合适的机会引导孩子尊重他人。比如去超市买东西，告诉她跟收银员阿姨说"谢谢"，在游乐场玩撞到了别的小朋友，教孩子说"对不起"。

最后，家长要试着把孩子当作一个平等的伙伴。比如，家长需要孩子帮助的时候，可以特意说"请"，如"请你帮我把水杯拿过来吧"，如果孩子做到了，家长应高兴地说"谢谢你"。

长此以往，孩子在与他人交往时，就会知道尊重他人，认同自己，安抚自己，这种能力将让孩子受益一生。

问题 49 为什么幼儿在家里和在幼儿园判若两人？

常有家长抱怨，孩子在幼儿园里，自己吃饭，穿衣，按时睡觉；可一回家就完全变了个样儿，任性耍赖，胡搅蛮缠。孩子在家里和在幼儿园的表现可以说是判若两人。

一、幼儿在家里和在幼儿园判若两人的原因

（一）幼儿园有规章制度约束

老师会反复强调幼儿园的规矩，当所有孩子都按照幼儿园的规矩执行时，自然能对孩子形成一种压力，使其不由自主也跟着照做起来，孩子的社会化行为也就建立了。相反，家里却并没有这些条条框框的规矩，孩子感觉在家里比较放松，便想干什么就干什么，这也使家长觉得自己的孩子"变样了"，不像在幼儿园里那样乖巧。

（二）幼儿园有同伴竞争

在家里，孩子往往是整个家庭的核心人物，特别是独生子女，他们往往可以独享来自爸爸妈妈以及祖辈们的宠爱，而这种比较高的家庭地位也让孩子的自我意识得到了发展，这时候孩子会比较容易变得以自我为中心。在幼儿园里，孩子较多，老师会平等地对待每一位孩子，往往是那些遵守规则的孩子会经常得到老师的表扬；自然而然，孩子认为只有自己听老师的话，把事情做好，表现好才能得到老师的表扬，在这个过程中孩子慢慢内化幼儿园的规则，学会独立。

（三）家园教育方式不一致

在幼儿园里，老师要培养孩子的独立性和规则感，孩子基本什么事情都需要自己完成。在家里的时候，家长对于孩子的管教一般都是比较松懈的，祖辈们甚至溺爱孩子，包办一切，长此以往，孩子容易随心所欲，无视秩序和规则。

二、家长的应对方法

当家长意识到孩子在家里和在幼儿园是两个状态，可以使幼儿在幼儿园学习到的生活习惯和规则意识在家里得到延续，具体可从以下几方面着手：

（一）加强与老师的沟通

首先，要与幼儿园老师的教育理念一致，做到家园同步。其次，可以询问老师为什么孩子在幼儿园里表现那么好，老师有什么法宝，采取什么奖惩机制，有什么是家里可以通用借鉴的经验。

（二）遵守有温度的规则

孩子在家里和幼儿园判若两人，可能是家里没有具体的规则或者是制定好了规则没有得到遵守，比如孩子在家里吃饭时总要看电视且屡教不改，一方面，家长要以身作则，关掉手机和电视机，陪着孩子吃饭；另一方面，要奖罚分明，惩罚要与教育结合。当家长以身作则了，孩子还是因为吃饭时要看电视哭闹的话，可以和孩子说，因为你今天哭闹了，要减少你看电视的集数（让他承担一个后果，得不到本该享受的）。

（三）帮助孩子走出家门

带幼儿接触新鲜事物，了解事物的名称、性能和用途，这对于增长幼儿知识、发展智力有促进作用。同时，家长应引导幼儿在家自己完成日常生活活动，提高幼儿管理自己，支配自己行动与时间的能力，以此帮助孩子减少对家长的依赖感。

问题 50　幼儿不肯上幼儿园怎么办？

对于很多家长来说，送幼儿上幼儿园是一件无比头疼的事情，不管在家如何安抚，到了幼儿园门口，幼儿总是又哭又闹，让家长既心疼又着急。那么幼儿到底为什么害怕上幼儿园？家长又应该如何应对呢？

一、幼儿为什么害怕上幼儿园

（一）适应能力差，无法融入新环境

幼儿在家时都是父母的掌上明珠，全家人的目光都集中在幼儿身上。到了幼儿园，许多幼儿聚在一起，老师的注意力分散到整个班级，无法像父母那样时刻关注幼儿。

（二）依赖性强，缺乏独立意识

很多父母为了更好地照顾幼儿，包办一切事务，这容易导致幼儿缺乏独立意识，缺少自理能力。到了幼儿园，吃饭、睡觉和上厕所等，都需要幼儿自己动手，这种快速的转变会使幼儿产生迷茫和慌乱的心理，从而害怕上幼儿园。

（三）安全感不足，引发分离焦虑

如果父母对幼儿的陪伴和关心不足，经常忽视幼儿的需求和感受，甚至动辄打骂幼儿，会使幼儿内心缺乏安全感。安全感不足的幼儿对同学和老师的信任感较低，难以融入班集体，与父母分开时会感到焦虑和恐慌，甚至大哭大闹。

二、如何帮助幼儿快乐上学

（一）提前告知，循序渐进

为了让幼儿更好地适应幼儿园的环境，家长可以提前一个月给幼儿进行

心理铺垫，"再过一段时间，我们的宝贝就可以去上学喽""幼儿园会有好多玩具，你还可以交到很多好朋友"。

在上幼儿园前一周，家长可以带幼儿去幼儿园参观，了解幼儿园基本情况，比如环境、娱乐设施、午饭，也可以看看幼儿园上课的模式，让幼儿做好准备。同时调整幼儿的作息，养成早睡早起、按时吃饭午睡的习惯。

（二）提升自理能力

幼儿园里幼儿多，老师难免会有顾不到的地方。家长要帮助幼儿学会基本的独立生活技能，比如吃饭、上厕所、洗手和穿衣服等，这样幼儿在幼儿园才不至于手足无措，能更快地适应幼儿园生活。

（三）鼓励幼儿表达自我

良好的沟通表达能力可以帮助幼儿更好地融入班级，交到更多朋友。

一方面，家长可以多带幼儿出门，去小区、公园和游乐园等地方，多给幼儿与同龄人交流的机会，锻炼他们的社交能力。

另一方面，家长要告诉幼儿，遇到困难要马上找老师。比如身体不舒服、受伤和想上厕所等，这些事情幼儿在家都是找家长，要让幼儿明白，在幼儿园遇到困难时自己不是孤立无援的，可以寻求老师的帮助。

总之，当幼儿不愿意上幼儿园时，家长可以尝试以上三招，耐心引导，帮助幼儿更好地适应幼儿园生活。

问题 51 拖拉磨蹭的幼儿怎么教？

幼儿做事拖拉，打骂都不管用，很多家长为此操碎了心。那么，究竟如何帮助幼儿改掉拖拉的坏习惯呢？

一、帮幼儿树立时间观念

幼儿做事拖拉，部分原因是他们没有时间观念。因此，家长要帮助幼儿认识到时间的重要性。

（一）制定计划表

制定计划表可以帮助幼儿学会分配时间。计划表要将一天的任务及其时间都罗列清楚，规定好每个项目开始及结束的时间。

幼儿的生活以玩耍为主，绘本阅读、手工制作等寓教于乐的项目是很好的选择。此外，基本的生活自理项目需单独列出，如刷牙、洗脸、穿衣等。每按时完成一个项目就可以发放相应奖励，以鼓励幼儿。

等到幼儿能够按时完成表上的项目后，可以让幼儿试着参与制定计划表，让计划表更加符合幼儿的需求。

（二）选择合适的计时工具

对于年幼的幼儿来说，时间这个词太抽象，将其具象化更容易理解。

沙漏作为计时工具，具有形象鲜明、直观易懂的特点。选择一定时长的沙漏（如 10 分钟），在任务开始前告诉幼儿，等沙子漏完任务就结束。这能让幼儿以最直观、最容易理解的方式认识时间。

二、训练幼儿专注力

幼儿注意力不集中，做事无法专注，效率低下，显得拖拉。训练专注力的方法有很多种，其中舒尔特方格操作简单，是很有效的训练方法。

舒尔特方格是一种表格，有 3*3、4*4、5*5 等多种规格。将连续的数字打乱排列在方格中，让幼儿按顺序用手点读数字，并统计完成的时间。

1	10	6	4
14	7	2	12
5	11	16	9
8	3	15	13

4*4 舒尔特方格

舒尔特方格能够训练注意力的转移、分配，提升注意力的稳定性，当幼儿的注意力变好，做事轻松效率高，就能够减少拖拉的现象。

三、善用奖励，慎用惩罚

奖励能够帮助幼儿建立信心，在幼儿做得好的时候，适当的奖励能强化幼儿的积极性。

例如，小红平时吃饭很磨蹭，一会儿要上厕所，一会儿去玩玩具，但今天小红没有离开座位，吃饭比之前认真多了。

在上面的例子中，小红今天吃饭时没有离开座位就是进步，家长应该及时表扬小红，并且用她喜欢的东西作为奖励，这样小红才能保持积极性。当小红渐渐养成静坐吃饭的好习惯，家长可以将零食和玩具等物质奖励变为言语上的鼓励，激发小红的内驱力。

惩罚在一定程度上能帮助幼儿认识到错误，但严厉的惩罚很容易引发幼儿的自卑心理和情绪问题，需要谨慎使用。

总之，当幼儿总是拖拖拉拉、做事效率低下时，切忌一味催促和责怪，与幼儿共同面对问题、解决问题，才是值得肯定的做法。

问题 52　幼儿喜欢打小朋友的原因是什么?

不少家长反映:孩子和其他小朋友一起玩时,常出现打人和咬人等攻击性行为,在幼儿园也因此常让老师产生困扰,让许多家长头疼不已。

行为具有功能性,孩子任何行为的背后都有一定的意义。孩子喜欢打人和咬人并不等于孩子喜欢暴力,可能与以下因素有关。

一、缺乏安全感

当孩子的安全感建立得不够好时,遇到陌生小朋友靠近,孩子便会觉得安全领域受到威胁,从而主动进攻,出现打人、咬人等攻击行为。因此,家长应多帮助孩子建立并培养安全感,再提供不同场景下的社交机会,辅助孩子交些好朋友。

家长可以邀请亲戚朋友家中年龄相仿的小朋友到家里做客,孩子在熟悉的环境和家人的陪伴下,可以更好地建立起安全感,会更乐于与其他的小朋友进行接触。

此外,当家长带孩子外出时,应避免其他人对孩子进行随意的逗弄,并随时留意孩子的情绪反应,肯定孩子的情绪体验。当孩子熟悉了周围的环境和人,建立起良好的安全感时,孩子才能以轻松的状态与他人开启交流。

二、错误的表达方式

2~3岁孩子的语言表达能力尚未发展完善,当他们想要接近他人或者提需求时,他们常常无法用清晰的语言表述出来,有时反而运用不恰当的动作姿势来表达,如用手拍人、用身体撞别人等方式。这些动作常常被认为是不友善的信号,容易使孩子与同龄小朋友产生矛盾。例如,当看到小红在公园里放风筝时,小明也很想玩,可是小明却不会采用正确的表达方式,而是用手拍了拍小红的手臂,吓得小红嚎啕大哭。其实,小明的"打人"行为并没有恶意,只是采用的方式不对,让人产生了误会。

因此，当遇到类似的情况时，照护者无须一味地指责孩子"打人"的行为，如此不仅不能帮助孩子塑造良好的表达方式，还打击了孩子主动社交的积极性。家长应在不同的社交场合，耐心地教导孩子正确的表达方式，如用手势或简单的语言表达自己的需求。

三、模仿行为

从 1 岁开始，孩子就喜欢模仿身边的各种人与物，而家长是孩子最熟悉且信赖的模仿对象，孩子在日常生活中能很容易学习到家长的行为方式。因此，如果孩子经常挨打，或者经常看到爸爸妈妈吵架和打架，孩子会认为这种方式是解决问题的好方法，当孩子与别人相处不如意时，就更有可能采用动手打人的方式。因此，家长需及时反思自己，转变行为方式，从而纠正孩子打人、咬人等不良行为。

综上，孩子出现打人、咬人的行为，并不能说明孩子就是个有暴力倾向的坏孩子，家长应通过细心观察、耐心询问和冷静分析来推测孩子出现打人、咬人等行为的原因，并针对不同原因为孩子提供积极的引导，帮助孩子改变打人、咬人等攻击性行为。

问题 53　看起来笨手笨脚的幼儿是真笨吗？

在日常生活中经常听到家长抱怨自己的孩子看起来"笨手笨脚"的，具体表现是：无法自己系鞋带、扣纽扣，无法独立使用筷子，或者经常不分轻重地弄坏东西。实际上，这不是孩子"笨手笨脚"，而是孩子感觉统合失调。

感觉统合是大脑对个体从视觉、听觉、触觉、味觉、嗅觉、前庭觉和本体觉等不同感官输入，形成综合的信息并正确有效使用的能力。然而，受各种因素影响，大脑无法对外部接收到的感觉刺激进行有效整合，使得个体不能在环境中做出适当的反应，这便是感觉统合失调。

一、如何判断孩子是不是感觉统合失调？

1. 多静少动，孩子站无站姿，坐无坐相；
2. 不能控制自身奔跑或滑行的速度；
3. 方向感差，空间感知能力差，容易迷失方向；
4. 反应慢，说话做事跟不上节奏等；
5. 动作笨拙，跳跃能力差，身体协调性欠缺，甚至无缘无故地摔倒；
6. 不能控制力量，用力过大而损坏玩具或者用力过小而抓不住玩具。

二、导致孩子感觉统合失调的主要原因

1. 剖宫产孩子未经过产道挤压；
2. 孩子日常活动范围小，缺少运动；
3. 孩子缺少爬行就直接学习走路；
4. 孩子过度使用电子产品，缺少户外活动；
5. 家长对孩子的过度保护，事事包办，从而造成孩子动手能力差；

6.隔辈抚养，孩子与父母互动不足，甚至老人的溺爱，剥夺了儿童学习的机会。

三、如何促进孩子的感觉统合发展？

（一）增加粗大运动

婴儿期的孩子，学会爬行后，尤其喜欢在地上到处爬，到处去探索。此时家长就不必强行制止，只需要确保孩子活动的周围环境安全即可。

爬行和翻滚可以让孩子的手部、肘部、膝盖、脚部等位置受到来自地板的刺激，这些感觉通过皮肤、肌肉、关节传至孩子的大脑神经中枢，有助于中枢神经系统感觉信息的输入。

（二）发展生活独立性

孩子在学习穿衣服、系鞋带、用筷子吃饭、洗手洗脸等过程中，也是在不断与外界环境进行信息交换。在完成自己生活小事的同时，他们的精细动作、手眼协调等也不断地得到锻炼。

家长千万不可因心疼或担心孩子而选择事事包办，否则就剥夺了孩子成长的机会，从而阻碍了孩子的成长。

（三）积极参与户外活动

家长可以让孩子积极参与户外活动，如拔河、跳绳、爬山、滑平衡车和骑自行车等，通过不断训练肌肉紧张与收缩的运动来锻炼孩子的平衡能力等。

此外，户外活动还能调动孩子全身的感官。感受微风拂面，感受炎热和凉爽的不同天气，这些都有助于孩子感知觉的发育。

问题 54 幼儿经常动个不停，是有多动症吗？

家长 1：我们家孩子，给他讲故事听，他根本没办法安静地坐下来。他经常不分场合地跑来跑去，嘴里也会大喊大叫。我们越制止，他就跑得越快，甚至会对抗我们。吃饭的时候他也是不消停，他这样的行为实在是太多了，不知道是什么原因。

家长 2：我们家小不点，吃饭时在桌前坐不了几分钟，就要离开饭桌转一圈；陪他看绘本，没看几页他就开始左扭扭、右蹭蹭；去上托管班，他仿佛一秒钟也坐不住，上蹿下跳，非常好动……

越来越多的家长会惆怅，担心自己的孩子是不是得了多动症。

首先，家长得明确：活泼好动是孩子的天性。幼儿正是在不断"动"的过程中，发展了身体运动能力，也探索了世界。所以从这个角度来说，正是活泼好动促进了幼儿早期的身心发展。

一、"活泼好动"和"多动症"，到底咋区分？

（一）活泼好动的表现

1. 做事情主动性强，遇到感兴趣的事情可以集中注意力；
2. 在特殊场合，能够约束自己的行为；
3. 做事情有明确的原因和目的；
4. 思维敏捷，粗大运动和精细动作发展正常；
5. 基础认知能力、理解能力和记忆力表现正常，甚至更出色。

（二）多动症（注意缺陷多动障碍）的表现

判断幼儿是不是多动症，一般需要在 3 岁或 3 岁半以上读幼儿园后，观察幼儿在不同场合的行为表现。

1. 主动注意力差，做任何事情都没耐心，容易受到外界的干扰，专注力不够；
2. 无法控制自己的行为，小动作非常多，如咬手指，咬铅笔，乱翻东西，对书和文具不爱惜、乱扔，在公共场合很难保持安静；

3. 做事情不考虑后果，常常冲动行事，为了一些小事情哭闹发脾气；

4. 部分孩子存在手眼不协调，粗大运动中肢体不协调，精细动作发展不完善等；

5. 部分孩子存在认知功能障碍，如临摹图画作业完成困难，阅读和理解指令困难等。

二、家长如何帮助好动的孩子？

通过对比，家长就可以发现孩子到底是活泼好动，还是多动症！

家长要怎么引导这类好动孩子，帮助他发挥最大的优势？

（一）让孩子释放精力

精力旺盛大概是好动孩子的共性。如果过剩的精力没有很好的渠道释放出来，孩子自然很难安静下来。所以家长可以多安排体育活动，比如跳绳、轮滑、滑板车、骑车、拍球、打球等都是不错的选择。

（二）帮孩子建立规则

好动的孩子一旦情绪高涨起来，规则时长就会被抛在脑后，所以家长要有意识地帮助他建立规则和秩序感。在培养初期，需要考虑适合幼儿的项目，可以是适合幼儿专注力的桌游，如飞行棋、围棋，或者书面练习项目，如舒尔特方格、选择性注意色卡练习和划消练习等。

（三）关注情绪和心理健康

好动的孩子通常自我控制能力较差，在遇到不良事件影响时，多会爆发消极情绪和不良行为。家长需要关注孩子情绪和行为爆发前的情景，引导孩子将对此场景的不安进行表达，协助其寻找积极健康的应对方式。

问题 55　幼儿经常挤眉弄眼，是病还是萌孩子？

　　家长反映，自己的孩子大眼睛、长睫毛、脸肉嘟嘟的，长得十分可爱，而且她特别喜欢眨眼睛，眨得人心都化了。我们慢慢地感觉到了一丝不对劲——孩子的眼睛眨得太过频繁。

　　孩子都是天真烂漫的，说他们是行走的表情包、可爱的"表情帝"一点也不为过。但如果孩子经常眨眼、扮鬼脸，家长要注意啦！

　　孩子眨眼，不一定是可爱在膨胀；

　　孩子扮鬼脸，不一定是智慧在表演；

　　孩子摆动头，不一定是灵魂在怒吼……

一、哪些原因会导致孩子频繁眨眼睛？

　　家长需要及时到眼科就诊，排除眼部疾病。在排除幼儿眼睛器质性的疾病后，我们就需要考虑，幼儿是不是小儿抽动症、心因性眼睑痉挛。

儿童抽动症常见于 2～15 岁，以频繁眨眼为最常见表现，此外还常伴有多部位抽动，例如皱眉、歪嘴、耸肩等。根据研究，大约 20% 的孩子频繁眨眼，可能是因为小儿抽动症，而大约 10% 的孩子表现为心因性眼睑痉挛（一种由心理因素引起的眼睑不自主跳动），例如突发事件的刺激、家长过高要求导致的频繁眨眼行为。这两种情况一定要在排除眼部异常及其他异常后才能确定。

二、孩子频繁眨眼睛，家长该怎么办？

（一）提高警惕，及时就医

家长需要提高警惕，当发现孩子出现一些"怪动作"时，不要盲目地认为是孩子又学习了什么"坏习惯"，如果孩子有一定的表达能力，可以仔细询问到底是哪里不舒服，大概了解情况后，可以给医生一定的参考。

（二）摆平心态，正确引导

当排除是幼儿眼部异常导致的眨眼后，家长要学会用平常的心态对待幼儿，根据他/她的生理和心理发育的特点，提出适度的要求并进行相应的训练。可以通过带幼儿出去玩感兴趣的事，尽可能让他/她放松心情，转移对眨眼动作的注意力。对待他/她的错误既不能简单粗暴，也不能漠不关心，要耐心教导他们犯错误是正常的，需要通过认识错误来改正错误。

（三）积极参与户外活动

积极参加户外活动对于孩子的发展有重要影响，家长需要根据孩子的体质和兴趣合理安排运动项目和运动时长。适宜的户外活动会帮助孩子有效减少电子产品的使用时间，感受户外环境和运动的乐趣也有助于孩子视力的改善。

（四）培养用眼卫生习惯

家长要经常督促孩子洗手，不要用脏手揉眼睛，养成良好的用眼习惯。

问题 56 幼儿不停地转圈，是舞蹈天才还是有问题？

有些孩子总是不停地转圈，并对此乐此不疲，根本停不下来，很多家长对此感到困惑不解，往往简单地认为这只是孩子在嬉戏玩耍的方式。如果您的孩子喜欢转圈，甚至连续转数分钟后都不会感觉头晕，也不会疲倦，家长就需要提高警惕，准确区分孩子的转圈行为。

一、孩子为什么喜欢不停地转圈？

（一）满足生理需要

正常情况下，孩子通过转圈行为来不断刺激前庭觉，从而增强平衡感和本体觉等。前庭觉是人类感觉中内部感觉的一种，通过前庭觉孩子便能分辨自己是直立，还是平卧，分辨是在加速、减速，还是在做直线或曲线运动。这是孩子发育过程中的正常现象，家长无需过度干预。

（二）前庭觉失调

家长需要对孩子一直不停转圈而不觉得眩晕现象引起重视，很有可能是孩子的前庭觉异常。孩子的大脑无法感知此类型刺激，也无法做出反应，从而影响孩子其他技能的发展。

（三）孤独症儿童的刻板行为或自我调节

如果孩子喜欢不停地转圈，并且对此乐此不疲，不与外界进行互动交流，沉浸在自己的世界里，这种重复的行为很大可能是孤独症儿童存在的刻板行为。孤独症儿童在受到外界过度刺激后，会采取不停转圈的行为进行自我调节。

二、家长该怎么对待孩子不停转圈的行为？

家长需要观察孩子的转圈行为，并视情况而定。如果孩子只是觉得好玩，转一会儿便自己停下来了，家长便不需要刻意制止，因为孩子可以自主控制。但是如果孩子喜欢一直不停地转圈，那么家长就需要根据孩子的情况，寻找转圈行为背后的功能性原因，从而"对症下药"，及时采取相应的手段进行干预。

（一）转移注意力

当孩子无意识地不停转圈，家长首先要先分析孩子为什么会出现这种行为，同时阻止孩子的行为，用孩子感兴趣的其他事物去吸引其注意力。如果孩子日常感觉空乏无趣，家长就需要根据孩子的能力和兴趣合理安排日常活动，避免使孩子陷入无聊。

（二）加强感觉统合训练

针对孩子前庭觉异常的情况，家长可以根据孩子不同的年龄段选择不同的项目进行训练，如滑梯、秋千、蹦床、羊角球及吊网等。但家长在进行以上项目时，首先需要控制好训练的强度；其次应该给予孩子充分的安全保障以及关注和支持，家长陪在孩子身边既可以给予孩子充分的保护，同时也能给予孩子肯定和鼓励。

（三）早发现，早诊断，早干预

孤独症存在的社交不足和部分刻板行为在幼儿早期即出现，早期筛查可以发现这些异常，且2岁或2岁前早期诊断可靠。以下5种行为标记可作为早期识别孤独症的强有力证据，简称"五不"行为：① 不看：指异常的目光接触，孤独症儿童早期开始表现出对有意义的社交刺激的视觉注视缺乏或减少，对人尤其是人眼部的注视减少；② 不应：幼儿对父母的呼唤声充耳不闻；③ 不指：缺乏恰当的肢体动作，无法对感兴趣的东西提出请求；④ 不语：多数孤独症儿童存在语言出现延迟；⑤ 不当：指不恰当的物品使用及相关的感知觉异常。

问题 57　幼儿爱说谎怎么办？

小美妈妈最近很烦恼，她发现小美最近不老实，很爱说谎：她明明还没吃饭，却说自己已经吃过了；她拿了小朋友的玩具，却说是别人送的；看到别人的艾莎公主裙，她会说自己也有一条一样的；她看到别人收到了小兔子礼物，自己明明没有，却说妈妈也送了一个给她……

小美妈妈很担心：这么小就学会了说谎，大了还得了？

其实，小孩子说谎分情况，不用这么惊慌。

孩子说谎，一般分为有意识说谎和无意识说谎两种。

有意识地撒谎常常会由于孩子害怕惩罚和批评，逃避任务，为了获取好处和满足虚荣心等原因而出现，需要家长重视。

无意识说谎也被称为"假性说谎"，常见于3岁左右的幼儿。此时孩子的心理发展水平有限，认知模糊，无法很好地区分什么是自己想象的，什么是发生过的，什么是没有发生的，因此常常说出非有意编造却与事实不相符的话。

因此，孩子说谎不代表孩子变坏了或者品行出了问题。面对孩子撒谎，家长要学会辨别孩子是不是有意撒谎，也可以通过以下几个方面帮助孩子进行纠正。

一、家长以身作则

家长是孩子的第一任老师，家长的言行举止对孩子有潜移默化的影响，家长要以身作则，在孩子面前，应实事求是，不弄虚作假、随意撒谎。

二、不给孩子贴标签

家长不要因为孩子说了几次谎，就轻易给孩子贴上标签，如"小骗子""撒谎精",更不要上升到与品行不端画等号,如"坏孩子""不乖"等。这样做会对孩子有负面影响,不仅无法帮助孩子改掉说谎的习惯,还易引起孩子"破罐子破摔"的心理,导致其说更多的谎。

三、厘清说谎的原因

在这个过程中,家长要控制好情绪,保持温和平缓的态度和语气,冷静地引导孩子说出撒谎的原因是什么,这样孩子才敢于且愿意倾诉,并认识到错误。如可以说"妈妈知道事情有些不一样,我想听听你真实的想法"。切忌对孩子暴躁、愤怒和辱骂。

对于因为孩子认知不足的假性说谎,家长可以告诉孩子什么是真实发生的,什么是想象的,让孩子逐渐把现实和想象区分开来。

四、给孩子补救的机会

当孩子说谎后,家长要给予孩子补救的机会,引导孩子思考如何解决问题,并学会对自己的行为负责。如当孩子摔断口红而撒谎后,可以询问孩子可以通过做什么来弥补错误,可能孩子会告诉你"主动向妈妈认错",也有可能会说"用零花钱买一个"。

五、创造敢说真话的空间

家长的态度,可以决定孩子是否有撒谎的行为。有时候孩子不是因为怕做错事才撒谎,而是因为害怕随之而来的家长的失望、愤怒或责骂才撒谎。所以,家长应改变对待孩子的态度和方式,日常生活中避免过于严厉,鼓励孩子诚实的行为,让孩子知道即便做错了事,说出真相,也并不会遭受责罚,为孩子创造敢说真话的空间。

问题 58 幼儿"人来疯"是问题吗？

浩浩是一个3岁的小男孩，平时机灵乖巧，讨人喜欢，但最近每次去到人多的地方或家里来了客人，他总是一反常态，整个人上蹿下跳，横冲直撞，或乱扔东西，吵吵闹闹，异常兴奋和胡闹，怎么也制止不了。浩浩爸爸觉得很困惑：孩子这样"人来疯"究竟是怎么回事呢？

其实"人来疯"是一种普遍现象，多见于平时表现活跃，接触新事物时更活跃的幼儿。对于幼儿"人来疯"，家长需了解幼儿的特点，正确对待，不粗暴打骂。

一、"人来疯"形成的主要原因

（一）神经发育不成熟

幼儿的"人来疯"与神经系统的发育特点密切相关。处于幼儿时期时，其神经系统易兴奋，而神经系统的抑制功能尚未发育成熟，导致大脑神经活动的兴奋与抑制不能平衡，所以他们兴奋后很难克制和平静下来。

（二）缺乏安全感

幼儿的安全感较低，当家里来客人后，幼儿会因为家长忙着待客，觉得自己被忽视和冷落，从而产生低落、难过、惊慌等负面情绪。内心的不安全感会促使其通过胡闹、吵闹等不合常理的方式进行反抗和获取家长的重视，满足内心需求。

（三）环境影响

幼儿平时缺乏玩伴，生活单调乏味，于是客人来访或人多的时候，幼儿觉得非常新鲜和特别，极易兴奋。尤其当有同龄人出现时，孩子相互之间容易引起共鸣，他们表现出来的"人来疯"行为也更为突出。

二、家长的应对方法

（一）帮孩子形成行为规范

家长可以引导幼儿的行为，告知幼儿什么可以做，什么不可以做，并对正确的行为进行鼓励和表扬，对不良行为及时纠正，帮助幼儿培养良好的行为习惯，提升自控能力。

（二）为孩子营造良好的家庭氛围

为幼儿营造温馨和睦的家庭氛围，帮助幼儿发展安全感和满足感，促进其形成健康的心理和稳定的情绪。在平常生活中，家长要尊重幼儿的需要，发掘幼儿的优点，多鼓励和及时肯定幼儿，增强幼儿的自尊心和自信心。

（三）客人来访时让孩子参与待客

帮助幼儿担起小主人的角色，让幼儿参与接待客人的过程，给予幼儿表现的机会，不忽视和冷落幼儿。例如，在客人来访前，家长可以与幼儿一起商量待客计划，并提前告知幼儿见到客人要礼貌问好，不能故意打断对话，不能用玩具枪对着客人等；客人到来后，家长可以让幼儿帮忙倒茶、洗水果、拿东西等，做一些力所能及的事情。

（四）带孩子参加丰富的活动

家长平时多带幼儿参加户外活动，接触大自然和新鲜的事物。同时，家长还可以多带幼儿参与集体活动，丰富生活。这样，幼儿在不断接触外界环境与陌生人的过程中，才能提高适应能力，从而合适地表达"人来疯"。

问题 59　幼儿是左利手，要纠正吗？

利手指日常生活、劳动和学习中习惯用的手。左利手俗称"左撇子"，指日常生活、劳动和学习中习惯使用左手的人。据统计，在各个国家和区域，约80%以上的人是右利手，10%~15%的人是左利手，5%的人是混合利手。

一、左利手形成的原因

（一）左利手的生物遗传学基础

目前尚无充分的证据表明左利手的形成完全由遗传基因决定，但研究显示，父母或祖父母有左利手者，子孙出现左利手的概率较高。由此推测，遗传因素可能是存在的。

（二）病理性因素

利手被认为是大脑不对称性的外部标志，与一些病理现象有关。研究发现，患有智力发育落后、学习困难、语言发育落后、口吃以及某些发育行为障碍的儿童与普通儿童相比，出现左利手现象的概率更大。

二、如何应对幼儿左利手的现象

（一）寻求专业医师的帮助

儿童左右侧肢体优势开始出现及定型的时间为6~7岁，在这之前，儿童的左右手优势尚未稳定下来，家长无需过于纠结与担心。但是，如果幼儿除了左利手之外，还伴随其他症状，如智力发育迟缓、语言发育落后、口吃、注意力缺陷和阅读障碍等，这时家长应提高警惕，并及时听取专业医师的指导。

（二）切忌强行矫正，以温和引导为主

1. 强行纠正左利手会产生的问题。研究显示，左利手者在健康程度、总体智力、学习生活质量、社会地位和事业成就等方面与右利手者没有实质性的差别。对天生左利手的幼儿实施强制矫正，不但无法提高其学习能力，反而容易导致诸多负面影响，如引发口吃、抽动障碍、情绪问题、注意力不集中、学习动机薄弱、做事拖拉和学习抵触等现象。

2. 温和引导，增加右手使用率。在发现幼儿左利手现象后，家长应避免使用指责、批评的语气强行纠正孩子的利手习惯，而应该更细心地观察幼儿平日的表现，多一些耐心与鼓励，保护幼儿的自尊心与自信心。同时，采用温和引导的方式，比如，在幼儿使用左手玩玩具、涂鸦和拿取物品后，家长可以提醒幼儿也用右手试一试。

（三）为左利手幼儿创造合适的环境

随着左利手现象逐渐受到社会的接纳，许多便于左利手者操作的物品应运而生，例如左手剪刀、左手照相机、左手鼠标、左手笔记本、左手厨具、左手手表、左手钢琴等。家长可根据左利手幼儿正常的生理和心理需求，帮忙挑选合适的学习、生活用具。这不仅能为孩子创造轻松包容的成长环境，减少孩子在日常学习生活中的不便与尴尬，还能刺激市场需求，进一步促进左利手商品的发展，从而提高大众对左利手者的尊重与认可。

问题 60 幼儿 3 岁叛逆期，家长该如何应对？

一向乖巧听话的孩子，在 3 岁时，不让他做的事情偏要去做，让他做的事情就是不做。如果你的孩子也出现了此类情况，说明你的孩子已经开始有了独立意识，想要脱离父母的控制，这也是家长说的"逆反心理"。

一、造成幼儿"逆反心理"的原因有哪些？

（一）自我意识的萌芽

3 岁的幼儿自我意识开始发展，好胜心和好奇心强、勇敢，渴望实现自我意志和自我价值，希望父母和亲近的人接受自己"我长大了"并"很能干"的"现实"。

（二）自主行为增强

幼儿想要参与成人的生活，常常认为别人能干的事自己也能干，并大胆付诸实际行动；当自己能干的或自己要做的事被成人代做，往往坚持退回原状态，自己重做；常常逆着父母的意愿，说"不"，并按自己的意愿说"我自己做"。

（三）心理活动受情绪支配

3 岁幼儿的情绪特点主要表现为易冲动、易外露和易感性。当外界事物和情境刺激幼儿时，幼儿情绪就会爆发，通常用自己的身体语言来表达情绪，如高兴时手舞足蹈；在幼儿园里，一个小朋友哭了，其他小朋友也莫名其妙哭起来。

二、当幼儿出现"逆反心理"时，家长应该怎么做？

（一）解释孩子的行为

孩子在幼儿园表现很好但是没有得到小红花，表现差的孩子却得到了小红花，孩子因此产生逆反心理，决定以后也不好好表现了。这时，家长可以向孩子解释，全班几十个孩子，老师可能一时没有注意到你，这没什么。从今天起，你上课坐好，认真排队，用不了几天，老师肯定也会给你小红花。

（二）增加孩子的参与感

孩子不愿意穿裤子，光着屁股和脚丫在地板上走来走去，家长多次帮孩子穿，孩子就是不愿意穿。此阶段的孩子，自我意识强，身体能力也开始增强，认为自己有能力做好一切。如果家长总是包办一切，孩子会认为这是对他能力的不重视，因而孩子做出反抗行为来表示不满。家长应看到孩子的需求，引导和帮助孩子独立做能力范围内的事情。

（三）多给孩子"试错"机会

有时候孩子好奇心强，家长越阻止做的事，他就越想去做。比如，孩子总是想碰热水瓶，孩子并不知道家长不让他碰是因为怕他烫着，跟孩子说了孩子也不相信，但孩子亲手试过之后，就明白了不让他碰的原因，他也就不再好奇了。当然，要在保证孩子安全的基础上，让孩子进行"试错"。

"三岁之魂、百岁之才"，3 岁的幼儿身心两方面开始发展起来，是走向具有个性人生的起点。因此，家长认为的"逆反"往往是孩子的正常发育阶段和成长过程，"逆反心理"反映的是孩子的自我意识、好胜心和好奇心强等，家长应摆脱固有养育观念，发挥幼儿逆反心理的积极作用。

问题 61 为什么 3 岁幼儿还怕黑？

怕黑是很多幼儿在成长过程中都会出现的体验，虽然这种恐惧通常会随着年龄的增长减轻，但面对正在经历这种恐惧的幼儿，家长若处理不当可能会导致幼儿更加焦虑和恐惧。

一、幼儿为什么怕黑？

很多家长认为，怕黑是胆小的表现，其实不然。对黑暗的恐惧是人类的一种自我保护机制，并不代表幼儿胆小。幼儿在黑暗中看不清东西，周围的一切都是未知的，这种不确定性会引发幼儿的恐惧和不安，使幼儿本能地想要逃避。

一般来说，幼儿在 3 岁左右开始出现怕黑的现象。在这个年龄段，幼儿开始走出家门，接触广阔而复杂的世界，活动范围的增大使他们的认知迅速发展，想象力也更加丰富。面对黑暗和未知，幼儿很容易发挥想象力，将黑暗和可怕的东西联系起来。

如果这种怕黑的情况不能得到很好的处理，长时间存在，对幼儿的睡眠会造成较大影响，出现做噩梦、哭闹、无法独自睡觉等情况，从而影响幼儿白天的生活。

二、家长如何正确应对？

（一）理解幼儿的感受

家长首先要做的是理解和接纳幼儿的感受。当幼儿因黑暗感到恐惧和焦虑时，如果父母只是用"没事儿"和"这有什么可怕的"等话语来安慰幼儿，或者用"胆小鬼"这种词嘲讽幼儿，对缓解幼儿的恐惧和焦虑是无效的，甚至会加深幼儿的无助感。

家长可以让幼儿说说黑暗中究竟有哪些可怕的东西，都藏在什么地方。当幼儿意识到自己的恐惧是被家长接纳和理解的，才能放松下来与家长共同面对恐惧。

（二）建立对黑暗的正确认识

家长可以用一些早教绘本、动画来帮助幼儿重新认识黑暗。为什么会天黑？天黑后会有未知的东西出现吗？怪兽真的存在吗？这类幼儿好奇的问题，都可以用故事和绘本给出回答。同时，故事中的主人公面对黑暗时所表现出的勇敢坚强的品质，也会感染到幼儿，从而影响幼儿应对黑暗的方式。

（三）通过游戏帮助幼儿适应黑暗

家长可以在昏暗的环境中与幼儿一起玩一些家庭小游戏。时间最好在晚上，将家里大部分灯关闭，可以留一盏小台灯照明，进行游戏。这样能让幼儿将游戏过程中开心和温馨的感觉与黑暗联系在一起，以后面对黑暗时联想到的就不是可怕的东西，而是美好和快乐的感觉，从而不再害怕黑暗。

（四）避免恐惧刺激

幼儿不听话时，如果家长用关小黑屋的方式去惩罚幼儿，或者用"不听话晚上怪兽会来吃掉你"这类话吓唬幼儿，就会导致幼儿将黑暗和恐惧联系在一起，从而越来越怕黑。动画片、书籍、视频和游戏也要经过筛选，恐怖的情节是不适合幼儿的，家长尽量不要让幼儿接触这类信息。

面对幼儿怕黑的情况，家长要耐心引导，给予幼儿支持和帮助，当幼儿有了坚实的后盾，才能鼓起勇气面对黑暗，克服对黑暗的恐惧。

问题 62 3岁幼儿还在吃手指，该纠正吗？

俗话说"小孩手上三斤蜜"，很多婴幼儿都会出现吃手的行为。口欲期（0～18个月）的宝宝会用嘴巴感受周围世界的物体，用嘴巴建立与外界的联系，主要表现为吃奶、吮吸、口腔性刺激和咀嚼等。3岁前的婴幼儿吃手属于正常现象，是宝宝心理发育需求的表现，家长只要做好宝宝的手部清洁工作即可。那么，遇到以下几个问题时，家长们该怎么做呢？

一、3岁幼儿还在吃手指，家长该纠正吗？

一般来说，如果吃手的行为没有对幼儿的健康和生活造成明显的负面影响，家长可以不必过度担心。然而，当幼儿频繁吃手指，已经形成习惯，或造成口腔问题（如牙齿咬合不齐、牙齿前突）、手指畸形等健康问题，或在不允许吃手指的社交场合（如幼儿园、游乐场等）仍无法控制自己的行为，就需要考虑进行纠正。

二、如何纠正幼儿吃手指的坏习惯呢？

1. 忽略：幼儿吃手指时，家长假装没事发生一样，暂时性忽略幼儿的行为，不要对幼儿吃手指表现出很紧张、生气或焦虑的样子，大事化小，让幼儿吃手指这件事归于正常化。

2. 转移：暂时性的忽略并不是放任幼儿吃手，而要选择适当的时机将幼儿的注意力从手指上转移，如让幼儿帮忙拿东西，或者进行搭积木、串珠子等其他游戏都是有效的替代方法。

3. 阻断：家长多注意观察幼儿的行为，在幼儿快要把手指放进嘴巴前可以轻轻地拨开他的手。或者可以尝试在指甲盖上抹一点点幼儿不喜欢吃的食物（如蔬菜汁等），当幼儿想吃手指的时候闻到不喜欢的味道，就会减少吃手指的次数。还可以尝试在家穿戴连指手套。注意，在采取所有阻断措施之前都要让孩子清楚为什么要这样做，不要让孩子感觉害怕，一旦发现孩子紧张或害怕，应立即停止。

4. 引导：借助绘本或故事，告诉幼儿吃手指的坏处，如手上都是细菌，经常吃手指会肚子疼；总是吃手的话牙齿会变形。

5. 强化：纠正过程中，当幼儿表现出明显的进步时，家长可以通过口头的称赞、具象的奖励给予适当强化，增强他们的自信心。

如果尝试以上方法后，幼儿吃手指的习惯无法得到有效的纠正，或已产生明显的身心健康问题，家长应考虑寻求专业人士的帮助。

问题 63 幼儿爱攀比是问题吗？

"爸爸，我想要新的乐高玩具，别的小朋友买了最新款的乐高，我也要买。"

"妈妈，这种裙子我每个同学都有，我能不能也有一条？"

"我的鞋子太旧了，可以换一双新的吗？"

不少家长会有这样的疑惑：孩子以前没有经常要东西，怎么到了三岁左右就开始攀比了呢？其实，幼儿爱攀比不是洪水猛兽，家长要做的是给予幼儿正确的引导，让其从恶意攀比中抽身，学会良性攀比。

一、幼儿攀比的原因

解决幼儿爱攀比心理的第一步是先找到原因，一般而言，幼儿的攀比主要源于物质差异和竞争意识。

（一）物质差异

幼儿刚接触社会，产生攀比的想法是非常自然的，比如，看到别的小伙伴有的东西，自然会想自己有没有；如果是两个人都有的东西，就会在意谁的更好。

幼儿之间的攀比心实际上是想寻求认同，并且从中找到自信。幼儿会享受自己最好和让其他人都羡慕的感觉；相反地，如果发现自己无法获得大家的认同，或者自己缺少其他人都有的东西，就会产生自卑的感觉。

（二）竞争意识

生活中，家长容易用别人家孩子的长处打击自家孩子，要求自己的孩子处处争强，却忽略"每个孩子都是不同的"事实。长此以往，常年备受打击的孩子，会理所当然地把和同龄人的竞争放在第一位。

二、家长的应对方法

（一）客观诚实，解释差距

很多家长在被幼儿问及"我们家可以买大别墅吗"的时候，总会觉得尴尬。家长应先克服自己内心的不自信，坦诚地说，"我们家还没有钱买这么大的房子"。告诉孩子客观事实之后，可以继续说，"不住在别墅里，并不影响请好朋友来做客啊"。当孩子对人与人之间的情感联结逐步加深了解后，就会自发地审视起攀比行为，明白比较没有意义。

（二）选择性满足孩子的物质需求

无条件地满足孩子，可能会助长孩子的虚荣心，促使孩子不断地和身边人攀比，从而把精力都放在物质追求上。所以，当孩子提出要求时，家长先要了解孩子想要得到某样东西的目的是什么，是学习和生活必需品，还是为了和其他幼儿攀比。如果是后者，可以拒绝孩子，为幼儿购置一些实用的必需品，并以此为契机，告诉孩子两者间的区别。

（三）选择良性的比较目标

一方面，家长不要把"别人家的孩子"挂在嘴边；另一方面，家长要明白，随着幼儿认知的发展，他们在 3 岁左右会开始自发比较。因为他们会通过比较来寻找参照，明确自己在世界中的定位。所以，先不要简单粗暴地制止孩子，不要有"做好你自己，别和别人比"的言论，而要给予孩子一些确定的、具体的参照，给幼儿注入良性的驱动力。比如，可以将时间和自己作为参照物，家长可以尝试这样说，"宝宝，今天你整理玩具比昨天更干净、整齐"。

在幼儿的成长过程中，家长要尽量满足幼儿内心对爱和安全感的需要，让幼儿的内心充盈着爱和满足，这样他们就不会从攀比的过程中寻找认同了。

问题 64 如何强化宝宝的良好行为？

良好行为习惯的培养，是宝宝心理健康发育的基础，也是宝宝教育目标之一。强化与宝宝行为的形成之间有较大的关系，是宝宝社会化过程中不可缺少的一种学习方式。

那么，如何让宝宝保持良好的行为习惯呢？

代币奖励法是指当宝宝具有良好行为或表现时获取相应的代币后，宝宝用这些代币换取他们喜欢的活动、实物或权利等，常用于强化宝宝的良好行为。

代币奖励法由目标行为、代币、强化物和奖惩系统表组成，包括以下几个步骤：

一、确定目标行为

目标行为的制定可参考"3W"原则，即明确是要求谁完成（who），什么时候完成（when）和完成什么行为（what）。如，希望小明（对象）每次用餐时（时间）将碗里的食物吃完（行为）。目标行为最好是肯定、正向的，尽量不用否定句来表示，如希望小明不要没洗手就吃饭。

二、选择适当的代币

代币是对宝宝表现出目标行为的奖励，也称二级强化物。代币常根据宝宝的喜好进行选择，如印章、游戏币或赋予一定价值的其他物品等。

合适的代币一般满足以下几个条件：① 容易使用且随时可获取的，如棋子等；② 代币应为宝宝不容易复制或伪造的，如宝宝可仿制的纸星星或纸鹤等手工制品不适合用作代币；③ 代币的获取与使用可被记录，如印章等可被单独计数。

三、确定强化物，奖赏目标行为

强化物是与代币相关，且能激励宝宝再次出现目标行为的刺激物。强化物可以是多种类、多层次的，即宝宝可以用不同数量的代币换取相对应等级的强化物。

强化物可以是具体的物质奖励，如食物、玩具等；也可以是抽象的精神奖励，如权利、表扬等。对于年龄小的孩子，强化物选择更多的为具体的奖励，且与其基础需求有关，如身体接触、食物或玩具等。

四、制定奖惩系统表

在正式实施代币奖励法之前，家长还需制定奖惩系统表。在奖惩系统表中，约定：① 目标行为对应的代币数目，如在玩游戏前完成作业可获得 1 个代币；② 不同类型强化物对应的代币数目，如 1 次拥抱为 1 个代币，1 块饼干为 2 个代币等；③ 代币和强化物交换的时间和地点，如在周日统计本周的代币数，并换取强化物。

值得注意的是，良好行为的强化应建立在和谐的亲子关系上，家长的言行举止是宝宝模仿的最直接来源。因此，在要求宝宝培养良好习惯的同时，家长也应以身作则，将其融入日常生活中，帮助宝宝养成良好的行为习惯。

问题 65 幼儿电子产品不离手，该如何正确引导？

如今，幼儿接触电子产品的年龄越来越小，频率越来越高。很多家长即使知道过多使用电子产品有很多危害，却不清楚如何去限制幼儿对于电子产品的使用。那么，电子产品的魅力究竟在哪里？家长又该如何引导幼儿合理使用？

一、电子产品为何吸引幼儿

（一）幼儿好奇心强

每个幼儿生来都是一个探险家，他们被丰富多彩的世界所吸引着，喜欢去探索新鲜的、未知的事物。电子产品所蕴含的信息量大、种类丰富、图文并茂，对于好奇心强的幼儿来说有着非常大的吸引力。

（二）幼儿的自我控制能力弱

现在电子产品的内容更新快、画面丰富、节奏快，尤其是短视频、电子游戏之类的娱乐项目，一不小心就会花费很长的时间。即使是成年人也经常出现一不小心就刷了几个小时短视频的情况，幼儿的自我控制能力尚未发展完全，非常容易沉迷于电子产品。

（三）幼儿缺少陪伴

幼儿需要陪伴，在家需要父母，出门需要小伙伴。当幼儿在现实世界中得不到应有的陪伴，孤独感会促使他们将注意力放在可以一个人进行并且能获得愉快感的活动上，玩电子产品就是大多数幼儿的选择。

（四）家长的影响

许多家长每天手机不离手，空闲下来就会刷视频、看电视、玩手机游戏。父母的这种行为会使幼儿认为，长时间使用电子产品进行娱乐是合理的，于是进行模仿。

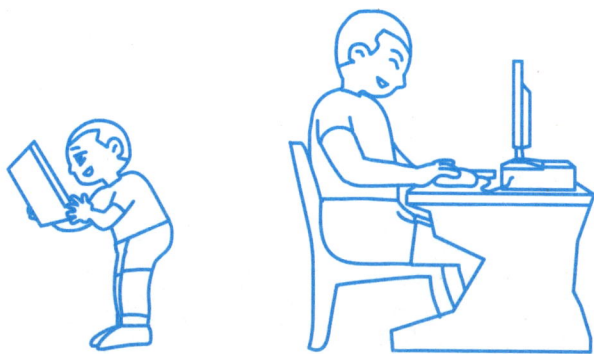

二、如何帮幼儿合理规划电子产品的使用

（一）家长以身作则

想要幼儿不玩电子产品，家长要以身作则。工作尽量不要带回家里来处理，闲暇之余多读书看报，少看电视，少刷视频。

（二）增加陪伴

父母的陪伴能够减少幼儿在家的孤独感。家长每天晚上可以陪幼儿进行一些家庭活动，一起玩家庭游戏、做手工和读绘本等，周末可以去户外逛一逛，放松身心。

（三）增加户外活动，培养兴趣爱好

周末带幼儿去小区、公园等户外场所玩耍；晚饭后带幼儿出门散步；帮幼儿找到兴趣爱好，比如手工、乐高、绘画等。参加户外活动能够在强身健体的同时减少幼儿玩电子产品的时间，兴趣爱好的培养也能有效降低幼儿对电子产品的关注。

（四）制定规则

世界卫生组织建议，0～1岁的幼儿不应使用电子产品，2～7岁的幼儿每天使用电子产品不能超过一个小时，否则就是过度使用电子产品。家长们可以结合幼儿的实际情况，对幼儿每天玩电子产品的时间作出合理安排。

第七部分

幼儿行为与心理健康的维护

问题 66 如何给幼儿立规矩?

0～3 岁的婴幼儿,对规则是没有概念的,只专注发展自我。过多的规则,对这个年龄段的孩子而言是一种对自由的限制。但是,无规矩不成方圆,在不限制孩子的自我发展的前提下,可以根据以下几个原则给孩子"立规矩"。

一、规矩要结合孩子的实际情况

在给婴幼儿立规矩的时候,家长首先要考虑孩子的实际情况:第一,家长立的规矩是否遵循了婴幼儿发展的规律;第二,家长在执行规矩的过程中,是否尊重了孩子的身心特点;第三,规矩要具体清晰。例如,孩子只有 1 岁,要求他自己收拾玩具,要收拾得整整齐齐。这样实际上就没有考虑孩子的能力,1 岁的幼儿还不懂"收拾"的概念,根本没办法完成。其实可以这么做,和孩子说"来,将玩具放到盒子里",发出具体的指令,让孩子能理解并完成,家长也可以协助孩子一起收拾玩具。

二、规矩要循序渐进

父母给孩子立规矩的时候,孩子也不可能一次就做到最好。比如,3 岁的孩子总爱把玩具乱放,客厅、阳台和卧室都放有他的玩具,每次家长让孩子把玩具收拾好睡觉,孩子一概当成耳边风,后来,家长不要求孩子收拾全部玩具,只说:"今天晚上你需要收拾好阳台的玩具。"孩子没拒绝,每天晚上临睡前都会自己收拾好阳台的玩具。慢慢地,家长给孩子增加了一点范围,说,"收拾阳台的玩具对你来说是轻而易举的事情,从今天开始增加一点难度,把客厅的玩具也一起收拾吧"。最后,家长再给孩子增加收拾玩具的范围,说

"看来收拾落在阳台和客厅的玩具已经难不倒你了，今天我们挑战一点更难的吧，把卧室、阳台和客厅的玩具也一起收好再睡觉吧"。

渐渐地，孩子甚至不用家长提醒，就自己主动去做。所以，给孩子制定的行为规范和目标，应该由小到大、由易到难。

三、规矩要保持一致性

首先，内外一致。给孩子立规矩，应该是始于家里，终于外面。在外面不被允许的行为，在家里也是不允许的。只有坚持内外一致，孩子才能接受和遵守这些规则。

其次，全家一致。比如，家长刚定下"每天只能看一集动画片"的规矩，家里老人为了省心，孩子一放学就打开电视让他看个够，这是不可以的。

然后，遵守一致。规矩一旦立下，就需要所有家庭成员都遵守，比如要求孩子不说脏话讲文明，但家长遇到不顺心就爆粗口，这是不可以的。

最后，态度一致。前后态度要一致，不要朝令夕改。不论孩子怎么说、怎么哭闹，都要坚定表达一个态度，"我们已经说好了哦，不能做哦"。

总之，在幼儿的成长当中，"立规矩"要体现自由，让孩子参与到做决策的过程中，感受到自己的重要性和独特性，同时帮助孩子发展同理心，学习体谅和照顾他人的感受。

问题 67　如何做好隔代养育？

隔代养育，是指一些年轻家长或因工作繁忙或因离异而把孩子的抚养和教育等责任交给祖辈们，这些祖辈们自觉地成为全面照顾第三代的"现代父母"，这种由祖辈对孙辈的抚养和教育称之为隔代养育。

老一辈人觉得儿孙承欢膝下是天伦之乐，能够帮助年轻的父母们减轻家庭负担。但是，同时也要承认，祖辈们在养育孙辈的过程中容易出现精力不足、溺爱孩子，以及过度干涉父母对孩子的教育等情况。那么，应怎样做好隔代养育呢？

一、发挥祖辈们的育儿和人生经验

祖辈们拥有丰富的育儿经验，对孩子每个阶段发展的特点比较了解，他们能够轻松解决这些问题，有效处理孩子的抚养和教育问题。祖辈们在社会实践中积淀了丰富的社会经验和人生感悟，不仅可以弥补年轻父母照看孩子经验的不足，而且有利于促进孩子身体发育和有效处理幼儿教育问题。

二、包容代际冲突带来的养育矛盾

由于代际影响，祖辈们过去所处的环境和所受的教育与父辈们大相径庭，在日常生活时可能会因此发生冲突，两代人之间不应把对方完全否定，认为只有自己的才是最好的，对方的是错误的、不科学的。尤其是年轻父母，为了孩子健康、快乐成长，要尽量把祖辈们"化敌为友"，形成"统一战线"，祖辈们也要充分相信年轻父母能很好地担当起职责。

三、让祖辈们意识到溺爱的危害

由于血缘关系，祖辈们从心底热爱自己的第三代，他们对孩子的爱远远超乎父母。多数祖父母会经常有一种因自己年轻时生活和工作条件所限没有给予子女很好的照顾，把更多的爱补偿到孙辈身上的想法，造成对孩子过分溺爱。

四、给予孩子高质量的陪伴

祖辈们毕竟是老人，行动上趋于迟缓，精力和体能跟不上，他们的安静少动的倾向与孩子的活泼和好动天性相矛盾，这可能会对孩子的个性发展有极大影响，如心理老年化、性格怪异化和心理脆弱化等。因此，家长不能做"甩手掌柜"，习惯性地把养育孩子的责任推给祖辈们，家长也要尽量抽时间多陪伴孩子（开展亲子活动）。

五、提高父母的养育能力

年轻父母过度依赖祖辈，易造成亲子隔阂，也忽视了对自己养育能力的培养。例如，很多留守儿童在父母回来后反而变得难以管教，这是因为父母长期不管孩子而不知道如何下手。所以，年轻的父母们一定记得，无论工作再忙也要参与孩子的养育；祖辈们也要及时传递养育孩子的信息与经验，让年轻的父母们感受养育过程中的压力，增加处理育儿危机的能力。

问题 68 如何为幼儿选择合适的玩具?

在幼儿成长中,"玩"是必不可少的过程,"玩具"更是不可缺少的"玩伴"。

玩具可以帮助孩子探索、了解和思考这个世界,让幼儿在玩中学习,发展各项技能,提高学习兴趣,玩具扮演着十分重要的角色。那我们应该如何为幼儿选择玩具呢?

一、了解游戏的发展阶段

不同游戏发展阶段的儿童,会偏好和选择不同的游戏。家长应先了解不同发展阶段的特点,才能为孩子选择合适的玩具。

年龄/月龄	发展阶段	特点	表现
0～9个月	感知觉游戏	此阶段主要通过感知觉的手段来娱乐,通过摸、看、咬、抛等方式获得刺激	咬玩具,扔玩具,摇晃玩具等
9～17个月	功能性游戏	可以使用正确的方法去操作物件	推车子,使用牙刷给玩偶刷牙,排列积木等
2岁开始发展	构建游戏	组合不同功能的物件搭配使用,使其成为一个较为完整的场景	用木棍插进橡皮泥做生日蛋糕,用积木搭小桥,等等
1岁半～3岁开始发展	假想游戏	用一个物品代替另一个物品,将凭空想象的不存在的物件添加进游戏中	用手指假装牙刷刷牙,用手假装刀切蛋糕等

续表

年龄/月龄	发展阶段	特点	表现
学龄前开始发展	角色扮演游戏	自己或与同伴一起进行角色扮演的游戏，会说扮演角色相应的对白	医生游戏、老师游戏、过家家等
5～6岁开始发展	规则游戏	能进行有一定规则的游戏，在游戏中能引导、配合、合作等	木头人、丢手绢、飞行棋、老鹰抓小鸡等

幼儿与婴儿阶段不同，幼儿阶段开始发展运动能力，他们喜欢在周围的环境里不断地运动，比如走、爬、推、骑等。但同时幼儿的认知、手指灵活性和同伴互动又未较好地发展，因而复杂的教育方式和教育引导，不适于在幼儿教育阶段应用，故此时应选择一些生动、简单和易操作的玩具。

二、如何选择玩具

玩具的种类很多，家长可以根据幼儿的兴趣、个性和发展特点选择玩具，且要注意到玩具的安全性。

年龄/月龄	阶段描述	推荐玩具
1～2岁	这个阶段的幼儿会对因果关系很着迷，会喜欢任何能对他的动作做出反应的玩具	1. 声光玩具，如摇铃、电子玩具琴等；2. 精细动作玩具，如彩虹套杯、镶嵌板、四片拼图和木棍串珠等；3. 运动类玩具，如摇马、拖拉小车、彩虹隧道和皮球等
2～3岁	这个阶段的幼儿玩起来更有目的性了，他开始能够完成一个拼图或搭一些积木，也会开始喜欢模仿周围人的动作，玩起假装游戏	1. 形象玩具：如洋娃娃，我来做医生和过家家游戏中的玩具等；2. 精细动作玩具，如大块的积木、水果切切乐和橡皮泥等；3. 运动类玩具，如三轮脚踏车、三轮滑板车等

玩具的数量并非越多越好，过多的玩具也会影响孩子的注意力和对玩具的兴趣。在幼儿玩耍的过程中，家长可以作适当的引导，但不强迫幼儿用固定的玩法，多尝试与幼儿创造不同的玩法。

问题 69　游戏如何促进幼儿的心理发育？

　　幼儿都喜欢游戏，他们对这个世界充满好奇，而游戏就是幼儿们认识世界最好的方式。游戏是幼儿生活的一部分，幼儿通过游戏在现实和幻想的世界中往来，体验不同的感受，学习新的知识，在游戏中不断成长。

　　那么，游戏是如何促进幼儿心理发育的呢？

一、激发自我意识

　　自我意识是个体对自己的身心状态的认识和体验，幼儿在游戏中可以正确认识到自己与他人和社会之间的关系，从而进一步调整自我状态和行为，以适应周围的环境。

　　小琦和小新在玩过家家的游戏中，3岁的小琦会根据当天的天气情况为"宝宝"穿上合适的衣服，小琦又带着"宝宝"去参加小新的生日聚会，会通过角色扮演询问小新的喜好，并带着"宝宝"去购买小新的生日礼物。通过游戏，幼儿可以逐渐认识自己，了解他人，感受自己与他人之间的关系。

二、增进人际交往

　　在游戏中，同伴交往的情境随机多变，交往内容更符合幼儿的认知特点和需要，更能锻炼幼儿的人际交往能力。

　　例如，在角色扮演的游戏中，小明和小乐因为都想扮演同一角色而产生了冲突，当小明伤心流泪时，小乐在短暂地思考后对他说，"这样吧，我刚刚已经扮演过了，现在你来当医生"。在这个例子中，让出医生角色的小乐可以感受到同伴对这角色的喜爱，当看到同伴难过时，他能用语言清楚表达自己的

解决方法，使游戏可以继续进行，在随机多变的游戏情境中提高了自己的人际交往能力。

三、培养良好行为习惯

幼儿的游戏可以培养幼儿良好的行为习惯。例如 3 岁的小麦在玩捉迷藏的游戏中作为找寻者，在闭眼阶段，不得偷看躲起来的小伙伴的位置，小麦通过遵守游戏规则很好地参与到游戏里。

在游戏中，如果幼儿没有遵守规则，则很难融入群体中，幼儿需要与小伙伴合作制定规则，遵守对应规则，这个过程培养了幼儿的自制力、合作能力和纪律意识等良好的行为习惯。

玩是幼儿的天性，幼儿可以在游戏中逐渐掌握各种技能。游戏可以激发幼儿的自我意识，增进人际交往和培养良好的行为习惯，这些对幼儿的成长都很有帮助！

问题 **70** 如何发掘幼儿的潜力？

　　潜力是指具有发展某方面才能潜在的能力，是宝宝发展的可能性。发现宝宝的闪光点，发掘宝宝的潜力，是家长们关心的热点，也是家庭教育的本质。

　　那么，家长如何才能发掘宝宝的潜力呢？

一、尊重个性

　　正如世上没有两片相同的叶子，每个宝宝都是独特的个体。尊重宝宝的个性，让宝宝自主选择自己喜欢的兴趣爱好，切勿让宝宝成为实现家长儿时未完成梦想的替身。

　　自主选择建立在家长给宝宝创造的丰富选择上，家长尽可能地给宝宝展示积极的、正面的选项，让他们去体验和尝试。例如，家长观察宝宝对音乐感兴趣且音乐智能较好，可以尝试给宝宝报钢琴课，但宝宝在尝试过后觉得太枯燥或并不喜欢时，不应过早放弃或强迫宝宝继续学习，可以选择唱歌、合唱或其他乐器的练习，给宝宝更多的体验，在不断的尝试中发掘真正的潜能。

二、顺应能力

　　在发掘宝宝潜力时，应评估宝宝的最近发展区，这不仅是宝宝认知发展潜力的体现，也是宝宝最容易习得的学习内容。

　　例如，宝宝初学舞蹈时总是记不住动作，家长一开始可以播放示范视频让宝宝跟着模仿，待宝宝初步掌握舞蹈动作后，仅在她忘记时予以手势的辅助，慢慢地再转变为用语言提示，逐渐撤掉支持，最后让宝宝完全掌握这支舞蹈。

三、以长补短

每个宝宝都各有所长，也必有其短。短板决定宝宝能力的最低点，而长板则是发展的制高点，教会宝宝取长补短，突出施展长处，在学习过程中宝宝将更轻松，也有利于宝宝接纳与内化，提升自信心。

例如，有的宝宝擅长视空间加工，对图像、画面的识别与记忆能力更佳，在故事图片排序、拼图或找不同等项目中有较好的表现，而文字、语言的表达理解能力较弱。针对这类宝宝，在帮助其理解故事或学习古诗词等时，可引导其采用画面联想或绘画等方式，帮助宝宝进行理解记忆，利用其优势项辅助其弱势项，有意识地强化训练，让宝宝的下限发展更容易得到提升。

要知道，发掘宝宝的潜力，并不是为了培养"天才儿童"，而是相信每个宝宝都有其独特的发展路径。家长们要做的更多是仔细观察，成为宝宝们的"伯乐"，耐心陪伴，成为宝宝最有力的支撑。

问题 71 如何培养幼儿的多元智力？

早在 1983 年，哈佛大学心理学教授霍华德·加德纳教授就提出了多元智力理论，他认为智力的基本性质和基本结构是多元的，并把它分为语言智能、数学逻辑智能、空间智能、身体运动智能、音乐智能、人际智能、自我认知智能和自然认知智能 8 个方面。

幼儿智力的发展 70% 取决于遗传因素，另外 30% 受环境的影响。其中，家庭环境极其重要。良好的家庭环境能为幼儿的智能提供充足的养料，让其茁壮成长。

加德纳认为，多元智能应兼顾个性化与多元化：既应该尽可能了解每个幼儿不同的智能结构，寻求最合适的教育方式，又应该分析幼儿智能发展中最重要的能区，激发幼儿的智慧与创新。

父母在现实生活中应该如何培养幼儿的多元智力呢？

一、创造良好的环境，鼓励参加多元化活动

父母要尽可能地为幼儿创造良好的教育环境，创设多种多样的情景，提供丰富的资源，为幼儿的学习和探索提供多样化的选择。

给幼儿提供各种各样的尝试机会，鼓励幼儿自己选择、自由发挥，参加各种不同形式的活动，比如唱歌、跳舞、朗诵、围棋等，只要幼儿有兴趣，父母都可以陪伴幼儿一起参与其中。通过这些尝试，幼儿可以发展自身的潜能，父母可以观察幼儿的兴趣点和潜能。

二、尊重幼儿的学习方式和速度

不同的幼儿擅长的方面也不尽相同，有的幼儿擅长抽象思维，有的幼儿擅长形象思维；有的幼儿做事情很快，有的幼儿性子比较慢。每个幼儿都有自己的节奏，父母要杜绝总是拿别人家的幼儿和自己家的作对比的情况，要用赞赏的眼光看待幼儿，尊重他自身的特性。

三、借助多元化评估，扬长避短

对大多数父母来说，在生活中识别幼儿智能的优劣势较为困难。此时，借助相应的评估工具，对幼儿的智能进行评估，不仅能客观地分析幼儿的智力结构，了解幼儿的发展潜能，也能协助预测和规划幼儿未来的发展。

当然，对幼儿的智能评估并不是为了比较谁更聪明，而是了解幼儿在哪个能区更有优势，扬长避短，为幼儿制定个性化的成长计划。

总之，幼儿智能的发育发展个体差异大，要因材施教，才能激发幼儿潜在的智能。

问题 72 如何培养幼儿的注意力？

常常有家长反映孩子太活泼好动，坐不住，做事三心二意注意力不集中，那么注意力到底是什么呢？注意力是指人的心理活动指向和集中于某种事物的能力。

一、幼儿的注意力发展的特点

（一）注意的集中时间短，广度较小

虽然幼儿已经可以将注意集中于某个活动，但由于大脑发育还不够成熟，生活经验不够丰富，所以集中的时间比较短，范围也比较小。有研究表明，小班幼儿注意力可集中 3～5 分钟，中班大约 10 分钟，大班约 10～15 分钟。

（二）无意注意为主导，有意注意开始发展

无意注意是无目的、自发地注意，有意注意是需要努力才能获得的，比如幼儿需要认真学习老师教授的知识，这是有意注意。而窗边突然飞来了一只小鸟，幼儿立刻扭头去看，这是无意注意。

幼儿在遇到新奇刺激物时，很容易被吸引。随着年龄增长，幼儿对一些事物产生了兴趣，会专心地投入其中，这是有意注意得到了发展。

二、家长如何培养幼儿的注意力？

（一）设置有利于集中注意力的家庭环境

环境布置要以简洁明快为主，避免太过花哨；室内的光线要柔和适度；学习的地方如书房、书桌等要收拾清爽，玩具不要随意摆放，尽量为孩子创设安

静、整洁的环境。

（二）与孩子相处以鼓励为主

当幼儿专注于做他手头的事情比如手工制作等而忽略了家长的安排时，家长不要随意去干扰孩子的工作，其实孩子沉浸于其兴趣的同时，就是在无意中培养自己的注意力。

（三）建立有规律的生活作息习惯

家长应该帮孩子建立良好的作息规律，保证充足的睡眠时间，按时起床、吃饭，积极参加体育运动，同时利用日常活动和家务劳动机会培养孩子的意志力和动手能力，使其养成积极参加劳动的良好习惯。

（四）跟孩子一起玩有助于注意力集中的游戏

比如常见的幼儿游戏萝卜蹲、开火车、舒尔特方格、数字划消等都是培养幼儿注意力的好方法；也可以买一些智力训练的书，如走迷宫、找错误、找异同、比大小、比长短等。

总之，幼儿的注意力是随着年龄的增长而不断发展的，在幼儿注意力发展的关键时期，家长如果能用恰当的方式进行训练和引导，可以有效提高幼儿的注意力。

问题 73 如何引导幼儿想象力？

爱因斯坦曾说："没有想象力就不可能有创造。"幼儿们天马行空的脑洞、创意十足的绘画以及古灵精怪的表演都离不开想象力，家长可以通过以下几个方式引导幼儿的想象力。

一、提供丰富的环境刺激

多亲近大自然，丰富的环境刺激可以满足幼儿视觉、听觉和触觉的发育需求，给幼儿们提供更多想象原材料。躺在草原上抬头看天，可引领幼儿观察天上的白云变化（像棉花糖，像绵羊，像山川）。然而，家长要切记，幼儿阶段的幼儿更多的是通过观察和行为感受去理解，其抽象思维并不发达，如果让他们去博物馆或公园等景点只是为了"填鸭式"知识输入或拍照打卡，那便会事与愿违。

二、提高感知与观察能力

可以带幼儿进行丰富的多感官训练——专注听，仔细看，用手触摸，品尝各种食材及味道的食品，闻各处气味等，如在游戏中让幼儿蒙上眼睛用手摸，猜猜摸到什么等。调动幼儿的各种感觉器官，让其大脑根据身体和环境对所接收的信息进行适当地整合，丰富其想象力。

三、引导推动想象力

家长要善于提问，引导幼儿将自己的生活经验融入想象活动中，通过实物将联想延伸，鼓励幼儿发散思维去想象。

　　游戏是引导幼儿想象力的重要媒介。在游戏过程中，幼儿可以自主发展游戏情节，展开自己的想象，家长在此过程中可以采用角色扮演的方式加入游戏，引导幼儿共创故事情境，丰富故事情节，创作属于幼儿独一无二的作品。

问题 74　如何激发幼儿的兴趣？

俗话说："兴趣是最好的老师。"兴趣是幼儿参与各种活动的前提和保障，也是幼儿探索未知世界的动力源泉。那么，作为家长如何激发幼儿的兴趣呢？

一、发现幼儿的兴趣

天真烂漫的孩童对世界的未知充满了好奇，家长在陪同幼儿活动时，要善于用心倾听幼儿对每一件事情的看法，及时发现幼儿的兴趣点，引导幼儿进一步探索。

3 岁的乐乐与妈妈玩耍时突然停了下来。乐乐惊喜地说："妈妈，这里有蚂蚁！"妈妈看着幼儿一脸的欣喜，忍住了拿纸巾清理蚂蚁的冲动，和乐乐讨论起来，"是哦！蚂蚁还是排着队走的呢"。乐乐在妈妈的引导下观察蚂蚁的爬行轨迹，思考蚂蚁为什么会出现。这就是典型的通过发现幼儿的兴趣展开别开生面的实践体验。

二、激发幼儿的好奇心

如果一项活动可以让幼儿有机会解开一个又一个的悬念，那么幼儿便会觉得这个活动"其乐无穷"。家长可以巧妙运用语言，设置悬念，激发幼儿的好奇心和求知欲，幼儿对事物便会充满兴趣。

例如在做数字连线的练习中，可以告诉幼儿这其实是一张有魔法的纸，只要按照 1～20 的顺序把所有数字连起来，就会变出一只很可爱的小动物。

三、发展幼儿的兴趣

家长是幼儿的第一任老师，家长需对幼儿的兴趣进行鼓励和培养，让幼儿在活动中发展新的兴趣。

3 岁的小红喜欢画画，爸爸妈妈带来了毛笔与小红在院子里画水画，院子的空地就成了最大的"画纸"，小红多次绘画后，不仅熟练掌握对毛笔的使用，还发现了很多科学现象："妈妈，地上会冒泡耶""爸爸，清水变脏了"。这些都是发展幼儿兴趣之后的收获。多次绘画后小红还提出："要是能用带颜色的水画画就好了。"家长拿来颜料，引导小红在水中混合不同颜料，小红瞬间对混合后产生的新的颜色产生了兴趣，在多次的探索中，也发现了颜色变化规律。

在家长的鼓励和培养下，通过发展幼儿的兴趣，可以让幼儿在活动中收获新的乐趣和知识。

兴趣是幼儿求知的基础和动力，激发兴趣可以提高幼儿参与活动的积极性和主动性，让幼儿学在其中，玩在其中，乐在其中。

问题 75 如何培养幼儿的学习兴趣？

所谓"知之者不如好之者，好之者不如乐之者"。当宝宝对学习产生兴趣时，便能自发关注并大胆探索新的事物，从而打开新世界的大门。

那么，如何培养宝宝的学习兴趣呢？

一、引导宝宝的好奇心，激发探索的欲望

宝宝总是对所有的事物都感到好奇，喜欢刨根问底，而宝宝的兴趣正来源于他对新鲜事物的好奇心。

在满足幼儿好奇心的基础上，引导幼儿进行目的性学习，可达到事半功倍的效果。例如，家长在厨房做饭时，宝宝总喜欢跟在身后东摸摸西碰碰，为了安全，许多家长总是会把宝宝赶出厨房，不妨试试安排宝宝做一些他力所能及的事情，如洗菜、拿水果或舀饭等，让宝宝有愉悦体验的同时，也可以了解蔬菜水果的种类，满足宝宝的求知欲。

二、创设学习情境，培养兴趣爱好

家长可以根据宝宝的气质和性格设置不同的情境。对好胜心强的宝宝可采用竞赛或游戏的形式，如在贴纸游戏中穿插数数或命名等活动；对天马行空的宝宝可采用讲故事或角色扮演的形式，从而提高宝宝的兴趣。

三、学会提问，增加探究性

家长在培养宝宝学习兴趣时，要学会做一个懂得提问的引导者。家长可以根据宝宝的能力基础，多采用开放式的提问引导宝宝探究思考问题，如"宝

宝爱吃的鸡蛋羹是怎么做出来的"。

此时，家长可以与宝宝一起探索做鸡蛋羹的过程，用"做鸡蛋羹应该准备什么""用什么容器来装呢""要加什么调料"等问题引导宝宝思考，并帮宝宝一起一一验证这个过程。

四、积极鼓励，分享学习成果

当宝宝在家长的指导下学习了一项简单的技能时，家长可以引导宝宝分享自己学习的成果和喜悦。如学会折星星时，可以让宝宝表达自己的感受，如"我学会折星星了，好开心呀"，让宝宝在学到技能的同时，也向宝宝传递学习是一件快乐的事情。

要注意的是，兴趣点的确定应根据宝宝本身的喜好，而不是家长自身的喜恶或对宝宝的期待。同时，家长应以身作则，共同营造一个轻松快乐的家庭学习环境，与宝宝同进步、共成长。

问题 76 如何培养幼儿的自信心？

　　自信的幼儿往往在学习、生活和社交中表现得更出色，然而不够自信，是很多幼儿在成长过程中遇到的难题。那么家长应该如何培养幼儿的自信心呢？掌握这条公式就够了：能力＋肯定＝自信。

一、提高幼儿的能力

　　能力是自信力的原材料，在提高幼儿能力的过程中，家长可以引导幼儿多积累经验，才可以发展和巩固应对问题的能力。

　　当幼儿在接触新游戏时，家长要鼓励幼儿积极探索。例如，3岁的小轩开始踢足球时，非常兴奋，但是在和同龄人的较量中又屡受打击。这时爸爸可以加入小轩的足球游戏中。在与幼儿的互动中夸赞幼儿的技术："小轩你踢得真好，射门动作好帅！"在多次尝试中，家长可以通过自我调整来控制难度，让幼儿在多次尝试中积累经验，提高幼儿能力。

家长除了表达自身的正面反馈外，还可以通过正向提问的方式鼓励幼儿，例如，"和上一次相比，你有什么新的进步和体会"或者"刚刚你做得很好，是有什么技巧吗"。正向的提问方式会让幼儿发现每一次尝试都会有新的收获，也会感受到自己在不断进步和成长。

二、肯定幼儿的行为

除了提高幼儿的能力外，家长还需要肯定幼儿的行为，可以善用"3-4-1肯定法"对幼儿建立良好反馈。"3-4-1肯定法"也叫黄金沟通法，包括3个任何、4个方面和1个标准。

"3个任何"指的是任何时间、任何地点和任何事情。

也就是说，幼儿在任何时间、任何地点和做的任何事情都是可以肯定的，例如，幼儿在学习拍篮球过程中总是拍漏球，家长可以肯定幼儿这次的结果，家长可以说"我看到你拍篮球"。这里的肯定与表扬是不同的，家长如果言不由衷地表扬幼儿"你拍篮球拍得太厉害了吧"，幼儿甚至会觉得是反讽。

"4个方面"指的是情绪、动机、做得好的地方和可以改进的地方。

肯定幼儿的行为是无条件的，家长可以从情绪、动机、做得好的地方和可以改进的地方这4个方面对幼儿进行肯定。例如家长可以说："我看到你拍篮球，但是容易拍漏球，你现在一定很沮丧（情绪），你也想拍好的，对吗（动机）？我看到你拍球的姿势很标准哦（做得好的地方），我们一起跟上球的节奏，一起接住球吧（改进的地方）！"

"1个标准"指的是正向感觉的保持和增加。

家长可以用"摄影机"说话的方式，客观陈述幼儿的行为和表现，可以用这个句式，"我看到……（行为），我感觉……，我相信……"例如，幼儿在地上乱扔西瓜皮，家长可以说，"我看到你把西瓜皮扔地上，我担心有人踩到会摔跤，我相信你会捡起来"。当幼儿做到了，立刻告诉幼儿，"我看到你把西瓜皮丢进垃圾桶，你是一个讲卫生的好孩子"。

能力 + 肯定 = 自信，家长掌握这条公式，让幼儿更加自信！

问题 77   如何培养幼儿的安全感？

幼儿从呱呱坠地到 3 岁前，需要足够的安全感。安全感是一种信念，它的主要表现就是自信，即对自己所在的世界的信任感。幼儿早期安全感的建立与培养，影响着儿童一生的幸福。

一、幼儿缺乏安全感会有什么表现呢？

1. 情绪不稳定：感知到孤独和被拒绝，容易哭闹、焦虑、害怕等，因为一些小事情而失控。

2. 社交障碍：对他人通常持有不信任、嫉妒、傲慢甚至仇恨和敌视的态度，不愿意和别人交流和玩耍，或者过度依赖父母，不愿意离开父母的身边。

3. 自卑感：认为自己不如别人、不够好，缺乏自信心。

4. 行为反常：出现扔东西、砸东西、撞头、咬人、踢人、不愿外出等逃避、退缩或攻击性的行为。

5. 睡眠问题：半夜易惊醒，不敢睡觉，睡眠不安稳，拿着毛巾睡觉等。

二、如何为幼儿建立安全感呢？

（一）为幼儿创造一个安全温暖的家

首先要及时满足幼儿的生理需求，让幼儿穿得温暖，吃得饱，睡得满足，住得舒适，身体干净清爽。为幼儿创造一个安全温暖的生活环境，让幼儿感到安全、秩序、稳定，他才能开始真正建立起安全感。

（二）认同并关注幼儿

随着幼儿慢慢的长大，家长要引导孩子说出自己的感受和需求；轻声细语地询问，"宝宝，怎么啦""身体哪里不舒服""困了吗""不开心了吗"，通过言语帮助幼儿认同他们情绪；允许幼儿哭闹的情绪发泄；等幼儿发完脾气后，用简单的语言来谈一谈刚才所发生的事和问题。

通过帮助幼儿清除不愉快的感觉，使幼儿学会自我安抚，从而增加其控制感和安全感，最终建立起自己处理负面情绪的安全网。

（三）理性地爱孩子

规矩和边界恰恰是安全感的一个重要来源。幼儿必须知道有些事情是不可以的，比如幼儿反复咬人、打人、玩火等行为，都需要及时制止。

幼儿可能会通过哭闹、捣蛋等行为会反复试探大人的底线和边界。当你坚持原则和底线时，他反而会感到安全，感觉世界的可控感。

（四）敢于放手

避免过度参与，如幼儿拼错一块拼图，立马"指点"。在这个时候，家长要学会尊重幼儿，放手让幼儿自己来，让其自己来爬，自己抓饭吃，自己用勺子，自己搭积木等。但不要无视，也不要镇压，而是陪幼儿一起发展自己独立解决问题、处理情绪的能力。

（五）给予幼儿独立空间

安全感不等于无条件的爱，不等于无时无刻自我牺牲式的陪伴。在安全的环境下，家长可以让幼儿自己在围栏里玩耍，自己摆放想象中的家的样子，自己在墙壁上涂涂画画，让幼儿有个独立的空间去探索他所看到、触摸到的任何物品，去创造属于他的小世界。家长只需要在旁边欣赏着。

从幼儿期开始给予安全、尊重、独立的养育，幼儿越感到独立和自信，安全感越强。

问题 78 幼儿抗挫折能力弱，怎么办？

在成长过程中，幼儿难免会遇到挫折和困难，例如，小朋友抢了他的玩具，不小心摔跤，或在家里要求得不到及时满足等。有的幼儿会因此不停哭闹、发脾气，好像一点挫折都经受不住，可能有些家长会觉得这只不过是生活中的一件小事，但其实这是幼儿抗挫折能力弱的表现。

那么，家长们应该如何提升幼儿的抗挫折能力呢？

一、及时赞美，正确批评

当幼儿遇到挫折时，家长要善于发现幼儿的闪光点，赞美幼儿努力的过程，让幼儿意识到结果固然重要，但努力的过程也值得被肯定，由此增强幼儿的自信心。

在学会赞美、鼓励的同时，也应学会肯定式批评。肯定式批评就是鼓励幼儿做得好的部分，以此为前提鼓励幼儿接下来的行为，要就事论事，确保批评只针对幼儿的行为，而不是针对幼儿本身。例如，幼儿不小心打翻水杯，把水洒在地上，家长可以说"虽然你把玻璃杯打碎了，但是能把玻璃碎渣打扫好，就是一个很好的行为"，而不应说"你怎么这么笨，这点小事都做不好"，也不应让幼儿觉得自己做错了就是不值得被爱的，如"你再这样，妈妈就不爱你了"。

二、恰当的挫折教育

为了提升幼儿的抗挫折能力，有的家长会故意给幼儿制造难题，甚至送他们到夏令营中"磨练"。然而，只要家长留心观察，便会发现生活中大大小小的挫折已有很多，在生活中陪伴引导幼儿们战胜挫折，可能更有意义。

　　首先，应该让幼儿意识到生活中挫折处处可见，如走路走太久累了，搭建的积木倒了，或者水洒地上了等，此时家长应拒绝一手操办，要与幼儿共同讨论问题的解决办法，让幼儿为自己的行为负责。

　　其次，为幼儿设置任务时应与幼儿能力相当，如力所能及的家务，在挑战新任务的同时使其又能掌握一项新的生活技能。

　　最后，户外活动不失为挫折教育的好方式，如骑三轮车、放风筝等，让幼儿在安全范围内体验挫折，战胜挫折。

　　生活原本就是一个在挫折中学习成长的过程，家长能做的便是，帮助幼儿接纳自己，给幼儿足够的爱与自我成长的空间，从而积极理性地面对自己的生活。

问题 79　如何培养幼儿的独立能力？

在家庭教育中，培养幼儿的独立能力尤为重要。许多家长一方面对幼儿的生活大包大揽，一方面又为幼儿的独立能力差而焦虑。实际上，很多时候不是幼儿离不开家长，而是家长离不开幼儿。那么，家长该如何科学地培养幼儿的独立能力呢？

一、培养独立意识

当幼儿萌发独立意识时，他们会用行为或者语言传达"我自己来"的信号，此时，就是我们培养幼儿的独立能力的最好时机。

2 岁的小文在玩种萝卜的玩具，尚未能分辨空间大小的他面对大萝卜和小坑的难题已经持续了 3 分钟，妈妈发现了小文的困难后想伸手帮助小文，没想到小文推开了妈妈的手，并说道"我可以做好"。妈妈便在旁边默默陪伴小文，当小文放好萝卜后，妈妈给予了小文一个大大拥抱，并夸赞他"宝贝，你真聪明，自己把萝卜玩具放回了萝卜坑中"。

当幼儿独立活动的要求得到家长支持时，幼儿也会表现出得意和高兴等情绪，同时也会出现"自尊"和"自豪"等最初的自我肯定的情感和态度。

二、尊重自主性

在培养幼儿的独立能力时，家长要发挥幼儿的主观能动性，尊重幼儿的自主性，例如在进行游戏或者生活自理的活动中，可以在幼儿熟悉游戏或活动的基础上，让幼儿自主选择玩具、游戏或活动用品，为幼儿创造机会和条件，让他们可以大胆和积极地讲述自己的想法和意见。

三、给予适当辅助

当幼儿在开始新的活动和任务时，家长可以根据幼儿的水平给予适当的辅助。

3 岁的小芬在开始独立吃饭时，舀饭总是撒落一地，这时妈妈帮她将饭舀在勺子里，小芬就可以握住勺子送饭进嘴巴。当小芬开始掌握技巧之后，妈妈便让她自己舀饭吃。

四、保持一致性

当家长确定好幼儿的任务之后，家庭成员对幼儿要求的一致性也很重要。例如，妈妈希望幼儿自己穿衣服，爸爸则希望赶紧出门，随手就帮幼儿穿上。幼儿就会发现父母的态度不同，会故意耍赖皮钻漏洞，久而久之，家长也就会放弃原则，幼儿的独立性也会下降。只有家庭成员之间协调一致，共同要求，才能更好地提高幼儿的独立能力。

家长一定要积极鼓励、支持和引导幼儿，不能包办代替或者打击幼儿的独立意愿，从而使幼儿失去宝贵的锻炼机会。

问题 **80** 如何培养幼儿的社交能力？

人际交往是幼儿成长中很重要的一项能力。儿童心理学家皮亚杰曾说："儿童的'童年时代有两个世界'，一是父母和儿童相互作用的世界，一是同伴的世界。同伴群体对儿童的发展，起着与父母同样重要甚至更重要的作用。"

没有一个幼儿是天生的社交高手。幼儿越是在社交场合表现得比较笨拙、紧张，家长越是要有耐心地去引导他们。

一、家长以身作则，为幼儿创造社交机会

家长对幼儿社交能力的发展起着重要作用。网络的迅速发展让一些年轻父母不喜欢线下社交，在成年人的社交场合里，其表现也谈不上能够落落大方，幼儿自然也少了很多出现在社交场合的机会，父母待人接物的方式对其产生了潜移默化的影响。

要想培养幼儿的社交能力，父母需思考以下关键问题：

1. 平时与人沟通是否为幼儿树立良好的榜样？

2. 是否经常主动为幼儿创造社交机会？

3. 有没有为幼儿提供人际交往的方法、建议？

培养幼儿的社交能力，需要父母为其创造社交机会，有意识地增加社交活动，锻炼幼儿表达能力，并提供练习的机会。

二、做游戏和阅读绘本是培养社交能力的有效途径

家长可以和幼儿玩角色扮演，模拟社交场景：简单问好、冲突发生、道歉和好，过程中增加一些幼儿在交往中可能遇到的突发情况，和幼儿一起讨论对策。在这种游戏里，幼儿能学到如何和朋友相处，在学校里遇到同样的问题不

至于手足无措。

另外，亲子共读绘本，尤其是社交类的绘本会预设诸多社交场景，使幼儿在故事中领悟社交方法。比如绘本《小霸王富兰克林》中，小乌龟富兰克林经常和小伙伴们一起玩游戏，但是富兰克林太霸道了，导致小动物都不愿意跟它玩。直到富兰克林认识到自己的错误，勇敢道歉，才找回自己的小伙伴。绘本中的很多情节，都是幼儿生活的写照。诸如此类的故事都是引导幼儿正确社交的好帮手，看到这些可爱的小动物，幼儿会更加愿意接受书中传达的社交规则和礼仪。

三、培养幼儿社交规则和礼仪

幼儿在集体交往中表现出的一些不合矩行为，比如抢夺其他小朋友的玩具、零食，推搡等攻击行为，说脏话，以大欺小等。家长一旦在幼儿交往中发现以上行为，必须及时制止，并引导幼儿学习正确的社交行为。守规则懂礼貌的幼儿在社交中总是受欢迎的。

同时，有意识地培养幼儿的同理心，保护幼儿天性中纯真、美好的品质，引导幼儿换位思考。比如可以询问幼儿：当其他小朋友把你的玩具弄丢了，你感觉怎么样？你希望其他小朋友怎么做呢？这种换位思考的练习，让幼儿在交往中更加懂得站在别人的角度思考问题。

参考文献

[1] 张文新. 儿童社会性发展 [M]. 北京：北京师范大学出版社，1999.

[2] 岳小静，杜琳，贾飞勇. 婴幼儿喂养困难的研究进展 [J]. 中国儿童保健杂志，2021，29（7）：4-8.

[3] 王一鹤，时伟，汪玺正，等. 儿童婴幼儿期尿不湿使用及对排尿控制的影响研究 [J]. 小儿外科杂志，2021，20（5）：441-446.

[4] 卢舒颖，杨阳，刘宁. 0～5 岁婴幼儿良好睡眠质量建立及管理的最佳证据总结 [J]. 护理学报，2022，29（12）：45-50.

[5] 刘卓娅，郭玉琴，宋娟娟，等. 婴幼儿入睡方式及其对睡眠质量的影响 [J]. 中国当代儿科杂志，2022，24（03）：297-302.

[6] Terry Katz，Beth Malow. 孤独症谱系障碍儿童睡眠问题实用指南 [M]. 王广海，鲁明辉，译. 北京：华夏出版社，2017.

[7] 赵修发，刘洋，李超，等. 学龄前儿童体力活动、久坐行为与睡眠问题的相关性 [J]. 现代预防医学，2022，49（19）：3517-3523.

[8] 陈洋洋，周楠. 中国学龄前儿童睡眠问题研究进展 [J]. 中国学校卫生，2020，41（09）：1433-1437.

[9] 汤路瀚，任丽，徐方忠. 学龄前儿童睡眠与行为问题研究 [J]. 预防医学，2020，32（06）：569-572.

[10] 付立群. 探讨夜磨牙症患者咬合及睡眠特征与弹性牙合垫的矫治作用 [J].

世界睡眠医学杂志，2022，9（09）：1681-1683+1687.

[11] 张雷，姚迎，郝筱雨，等 . 儿童磨牙症的研究进展 [J]. 北京口腔医学，2021，29（02）：125-128.

[12] 林桐，孙晓宁，李文，等 . 照养人教养方式与儿童睡眠问题的相关性分析 [J]. 中国儿童保健杂志，2022，30（12）：1322-1326.

[13] 中国医师协会睡眠专业委员会儿童睡眠学组，中华医学会儿科学分会儿童保健学组，中国医师协会儿童健康专业委员会，等 . 中国 6 岁以下儿童就寝问题和夜醒治疗指南（2023）[J]. 中华儿科杂志，2023，61（05）：388-397.

[14] 马丹，张文丽，曹玲，等 . 发育性口吃的机制、评估和干预进展 [J]. 中国儿童保健杂志，2022，30（07）：750-754.

[15] 劳拉·E. 伯克 . 伯克毕生发展心理学：从 0 岁到青少年 [M]. 4 版 . 陈会昌，等译 . 北京：中国人民大学出版社，2013.

[16] 王敏囡，祖姆热提·伊敏，帕如克·亚勒昆，等 . 家庭互动式阅读对 1～6 岁语言发育迟缓患儿语言康复的作用 [J]. 中国听力语言康复科学杂志，2023，21（01）：69-71.

[17] 颜华 . 重视儿童早教规避雷区误区 [J]. 家庭医学，2021，10：58-59.

[18] Chen, B. B., Qu, Y., Yang, B., & Chen, X.. Chinese Mothers' Parental Burnout and Adolescents' Internalizing and Externalizing Problems：The Mediating Role of Maternal Hostility[J]. Developmental Psychology，2022，58，768-777.

[19] Fenghua Li，Yonghua Cui，Ying Li，et al. Prevalence of mental disorders in school children and adolescents in China：diagnostic data from detailed clinical assessments of individuals[J]. J Child Psychol Psychiatry，2022，63

（1）：34-46.

[20] 周珊珊，严双琴，曹慧，等．马鞍山市婴幼儿视屏暴露现况及影响因素分析 [J]．中国儿童保健杂志，2020，28（01）：61-64.

[21] 罗安斐，莫淳淇，陈文盛，等．深圳市龙华区学龄前中班儿童电子屏幕暴露现况及其影响因素 [J]．中国儿童保健杂志，2024，32（01）：108-112.

[22] 杜亚松．注意缺陷多动障碍多模式干预 [M]．北京：人民卫生出版社，2014.

[23] 劳伦斯·科恩．游戏力 [M]．李岩，译．北京：中信出版集团，2022.